基于交通流的城市道路机动车排放清单编制技术方法

王燕军 尹航 丁焰 张鹤丰 等/著

U0252165

中国环境出版集团·北京

图书在版编目（CIP）数据

基于交通流的城市道路机动车排放清单编制技术方
法/王燕军等著. —北京：中国环境出版集团，2022.5
ISBN 978-7-5111-5135-3

Ⅰ.①基… Ⅱ.①王… Ⅲ.①汽车排气—总排
污量控制—污染源管理—研究—中国 Ⅳ.①X734.2

中国版本图书馆 CIP 数据核字（2022）第 072142 号

出 版 人　武德凯
责任编辑　丁莞歆
责任校对　薄军霞
封面设计　宋　瑞

出版发行　**中国环境出版集团**
　　　　　（100062　北京市东城区广渠门内大街 16 号）
　　　　　网　　　址：http://www.cesp.com.cn
　　　　　电子邮箱：bjgl@cesp.com.cn
　　　　　联系电话：010-67112765（编辑管理部）
　　　　　　　　　　010-67147349（第四分社）
　　　　　发行热线：010-67125803，010-67113405（传真）
印　　刷　北京市联华印刷厂
经　　销　各地新华书店
版　　次　2022 年 5 月第 1 版
印　　次　2022 年 5 月第 1 次印刷
开　　本　787×1092　1/16
印　　张　11
字　　数　220 千字
定　　价　65.00 元

前　言

近年来，随着我国汽车产销量连续多年位居世界第一，机动车的保有量也大幅增加。截至 2019 年年底，全国机动车保有量达到 3.48 亿辆，其中汽车 2.6 亿辆（含新能源汽车 381.0 万辆）。另外，非道路移动源的保有量也持续增加。截至 2018 年年底，工程机械保有量为 760.0 万台，船舶为 13.7 万艘，铁路内燃机动车为 0.8 万台，农业机械柴油总动力为 78 168.9 万 kW，飞机起降为 1 108.8 万架次。保有量的快速上升使我国移动源污染问题日益突出，已成为空气污染的重要来源。根据我国完成的第一批城市大气 $PM_{2.5}$ 源解析结果，部分大中型城市的机动车排放已成为 $PM_{2.5}$ 的首要来源和第二大污染源。移动源排放的污染物除了对环境造成重大影响，还对人体健康有着重要影响。此外，移动源排放的污染物还会影响生态系统和全球气候变化。因此，目前乃至今后很长一段时间，移动源排放将成为我国环境管理的重要对象。

从 2000 年开始，我国不断加大对机动车污染的防治力度，逐步建立起新生产机动车环保型式检验、环保一致性监管，在用机动车环保检验、环保合格标志核发和"黄标车"加速淘汰等一系列环境管理制度，相关法律、法规、标准体系不断完善，对机动车减排的促进力度很大。但很长一段时间，我国机动车控制措施的评估方法还集中在以单车排放量变化情况评估为主、依靠逐步加严新车排放标准治理机动车排放方面，对在用机动车污染物的定量化研究还主要停留在宏观测算层面，对机动车排放清单模型的作用认识尚未深入。国际上，机动车排放作为大气污染的一个重要来源，早在 20 世纪五六十年代就引起了发达国家和地区（如美国、欧盟等）的重视。因此，国外对宏观、微观机动车排放模型研究和排放清单开发均进行了多方面的研究。最常用的机动车排放模型主要包括 MOVES、COPERT、HBEFA 等，美国使用 MOVES 机动车模型，欧洲普遍应用 COPERT 模型，部分欧盟国家采用 HBEFA 模型；非道路移动源排放模型包括 NONROAD、EMEP/EEA 等，美国使用 NONROAD 模型，欧盟使用 EMEP/EEA 模型进行排放系数测算。目前，国际上机动车排放清单模型已逐渐由宏观模型发展到中观模型、微观模型，机动车排放清单模型的作用也逐步从机动车控制措施评估发展到成为精细化机动车排放定量化评估的重要工具；同时，动态机动车排放清单开发也成为局地、微观空气质量模型、源解析等相关工作的重要基础。

　　我国机动车排放量研究最初主要是借鉴国外宏观测算模型。20世纪90年代，清华大学就结合我国机动车的排放实测结果和基础统计数据，利用 MOBILE 5 模型编制过北京、深圳、武汉、澳门等地的机动车排放清单。随后，又有研究使用 MOBILE 5、MOBILE 6、CMEM、IVE、EMFAC、COPERT 等模型计算过北京、上海、南京、武汉、香港等地的机动车排放因子和排放状况。总体来看，除香港地区对 EMFAC 模型进行有效利用外，因我国机动车环保登记管理制度起步较晚、交通监测手段相对落后，早期的研究对我国机动车排放状况、车队构成、活动水平等模型计算的关键参数掌握不足，计算结果与实际情况有一定的差异。结合国际上先进的开发思路，中国环境科学研究院利用多年的中国机动车台架、道路实测结果和机动车活动水平调查数据开发了中国机动车污染排放的宏观测算模型（CVEM），为生态环境部门进行机动车污染状况分析与决策提供了工具支撑。近年来，清华大学、中国环境科学研究院、北京理工大学、北京交通大学等单位对机动车污染状况的研究逐步深入，便携式排气检测系统等先进科研手段得到了有效利用，排放数据的累积不断完善，为我国建立机动车动态排放模型打下了基础。目前，我国地方生态环境管理部门对城市大气污染源精细化管理的需求越来越迫切，我国机动车污染研究重点已逐步由宏观尺度转向中等、微观尺度，研究范围也从新车排放监管向在用车道路行驶真实动态排放转变。

　　在此基础上，为了帮助相关地方生态环境管理部门和科研单位精细刻画本地的机动车排放特征，笔者在与国内相关科研、教学机构开展多年合作研究的基础上，利用国家科技项目资助资金研究了我国基于机动车瞬态排放因子和交通流相耦合的城市道路机动车排放清单技术方法，从而为建设一套以动态过程机动车排放特征研究为基础的精细化机动车排放清单模型打下了基础，以期为地方生态环境管理部门出台精细化的机动车排放管控措施提供技术支撑。

　　由于笔者水平有限，书中难免有缺陷与不足，敬请读者批评指正。

作者

2022 年 3 月

目　录

第1章　机动车排放影响因素

机动车排放的污染物大部分是在燃烧过程中产生的，因此通过设计发动机、优化燃烧方式、提高机动车燃烧效率可以减少在燃烧过程中产生的污染物，这被称为"机内"净化措施。但随着世界范围内机动车保有量的持续增加和机动车污染问题的凸显，各国普遍加强了对机动车污染的控制，出台了各种法规、标准和限制、鼓励措施，并日趋严格。单纯依靠"机内"净化措施已很难达到要求，目前国际上通过采用先进的发动机控制技术，辅以完善的后处理系统来达到削减机动车污染物的目的。除此之外，机动车在实际道路上行驶时往往还受到环境温度、所处海拔、发动机劣化状况、使用油品质量、交通状况等不同因素的影响，因此排放的污染物差异较大。本章将从不同角度阐述影响机动车排放的因素，从而为了解机动车污染物测算思路提供帮助。

1.1　机动车污染概述

当前，我国机动车污染问题日益突出，已成为空气污染的重要来源。2013—2019 年，全国机动车保有量由 2.32 亿辆增加到 3.48 亿辆，年均增长率 6.99%，其中汽车保有量由 1.26 亿辆增加到 2.6 亿辆，年均增长率达到了 12.8%。截至 2019 年年底，全国 66 个城市的汽车保有量超过 100 万辆，30 个城市超过 200 万辆，其中北京、成都、重庆、苏州、上海、郑州、深圳、西安、武汉、东莞、天津 11 个城市超过 300 万辆（图 1-1）。

虽然我国汽车产销量已连续 10 多年居世界首位，但与发达国家相比，千人保有量仍处于较低水平。据预测，未来我国汽车产销量将继续保持在高位运行。研究表明，目前我国机动车的氮氧化物（NO_x）排放量占全国排放总量的 30%~35%，碳氢化合物（HC）排放量占全国总排放量的 20%~25%，这是造成臭氧（O_3）和颗粒物（PM）污染的重要原因，并逐渐成为今后大气污染防治的重点之一。根据我国已经完成的第一批城市大气细颗粒物（$PM_{2.5}$）源解析结果，部分大中型城市的机动车排放已成为空气中 $PM_{2.5}$ 的首要来源，如北京、上海、杭州、济南、广州和深圳，其移动源排放为首要来源，占比分别达到 45.0%、29.2%、28.0%、32.6%、21.7%和 52.1%；南京、武汉、长沙和宁波的移动源排放已成为空气中 $PM_{2.5}$ 的第二大污染源，分别占 24.6%、27.0%、24.8%和

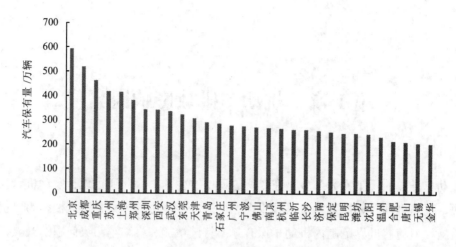

图 1-1　2019 年汽车保有量超过 200 万辆的城市

22.0%；石家庄、保定、衡水和沧州的移动源排放分别占空气 $PM_{2.5}$ 的 15.0%、20.3%、13.5% 和 19.2%，在各类污染源的分担率中排第三位或第四位。以上城市的 $PM_{2.5}$ 源解析结果为全年平均占比，在北方地区的冬季，由于采暖造成的污染物排放显著增加，机动车排放分担率有所下降。但研究表明，在重污染期间，机动车排放在本地污染积累过程中的作用明显。因此，加大对机动车排放的控制力度有助于缓解污染的严重程度。

机动车主要排放一氧化碳（CO）、HC、NO_x 和 PM 等污染物，这些污染物对人体健康均具有不良影响。其中，CO 进入人体后能与血红蛋白结合形成碳氧血红蛋白，导致血红蛋白与氧的结合能力变差，使患者出现低氧血症。CO 浓度较高时还可以对人体产生呼吸抑制，使病人出现呼吸频率减慢，导致其脑细胞缺氧。机动车排放的 $PM_{2.5}$ 会破坏人体的呼吸系统和心脑血管，诱发哮喘、肺癌等严重的心肺疾病，NO_x 和 HC 及间接生成的 O_3 等还会引发咳嗽、喉痛等呼吸道疾病。此外，移动源（船舶）排放还会影响生态系统和全球气候变化，如二氧化硫（SO_2）和 NO_x 的沉积会导致酸雨、富营养化和氮富集，二氧化碳（CO_2）、以黑碳（Black Carbon，BC）为主的 PM 和 O_3 是航运导致全球变暖的主要因素，其他污染物如硫酸盐气溶胶、NO_x 和有机气溶胶则会导致气候变冷。

我国很早就认识到机动车污染物排放的危害性，并不断加严机动车排放限值标准和控制要求，各种先进的排放控制技术也被广泛地应用于车辆上，同时也对油品质量和车辆使用环境等提出了更高的要求。如何科学预测我国机动车污染的发展趋势和分布特征，进而制定有效的机动车污染控制战略？如何科学评价已实施的排放标准、法规和政策，以为下一阶段国家机动车排放标准的实施奠定基础？如何为地方政府提供科学、准确的机动车污染信息和防治对策？这些问题都需要以机动车污染物排放量的准确计算和评价为基础。

随着机动车保有量的迅速增加和固定源污染治理的加强，由机动车排放的大气污染物比重逐渐增大。政府生态环境主管部门面临的压力也日益突出，迫切需要制定有效的机动车污染控制战略。为此，研究机动车的排放规律，进而掌握机动车的排放总量和各类车型的排放分担率就显得越发重要，其中机动车污染物排放模型是估算整个研究区域内机动车污染物排放总量的关键因素。

1.2　影响机动车排放的主要因素

影响机动车排放的因素有机动车本身的排放控制水平、车辆状况、行驶工况及所处的环境、所使用的油品质量等，国内外通常将诸多影响因素归结为机动车的排放因子。排放因子是指机动车行驶单位里程（或单位时间，或消耗单位燃料）所排放的污染物的量，常用的计量单位有 g/km、g/h 或 g/kg（燃料）。排放因子是计算城市或区域机动车排放总量的最基本参数，它乘以机动车活动水平（如车·km）即可得到机动车的排放量。影响机动车排放因子的主要因素包括以下几方面。

1.2.1　机动车排放控制技术

影响机动车排放因子最直接的因素就是机动车和发动机的排放控制技术。随着机动车排放法规的不断加严，机动车排放控制技术也不断发展。排放法规、标准是控制污染的目标，只有制定切实可行的标准和法规，才能有效控制机动车的污染状况。20 世纪 60 年代以来，各工业发达国家的机动车尾气排放已造成了十分严重的空气污染问题，因而各国纷纷对机动车排放的污染物提出了限制要求，制定了一系列机动车污染物排放标准和法规。经过近 40 年的努力，已形成一整套严格的机动车污染物排放标准和测试规程，同时建立了完善的监督实施管理机构，有效地控制了机动车污染物的排放总量。机动车的排放控制不仅有效改善了环境空气质量，也促进了汽车工业向高新技术发展。美国、欧盟和日本代表着目前世界上三大类机动车排放标准、法规体系，美国和欧盟的标准、法规在世界范围应用很广，被多数国家采用，而日本则是自成体系。20 世纪 80 年代初，我国在吸取了欧盟国家的成功经验后，逐步制定了一系列的汽车排放标准，同时制定了一条适合我国国情的汽车排放标准技术路线。对汽油车先实行"怠速法"，再实行"强制装置法"，即曲轴箱排放和燃油蒸发控制，最后实行"工况法"控制汽车排放总量；对柴油车先实行"自由加速法"及"全负荷法"控制烟度，再与汽油车同步实行"工况法"，最后考虑制定 PM 排放标准。目前，我国已全面实施了国家第六阶段（以下简称国六）机动车排放控制标准。图 1-2 是我国重型车用柴油发动机排放标准对 NO_x 和 PM 排放的限值要求演变过程，随着排放标准的不断加严，污染物限值也日益严格。

为满足不同阶段的排放标准，机动车生产厂家也开发了不同的排放控制技术来不断降低机动车的排放水平。所以说，排放法规的不断加严是机动车排放控制技术不断发展的真正动力。

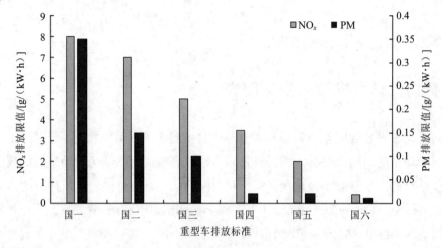

图 1-2   我国重型车排放标准限值演变过程

1.2.2   机动车交通行为

同一排放控制水平的机动车，由于交通行为不同，排放因子也会产生巨大差异。机动车的交通行为主要是指机动车在道路上行驶的具体状态，包括车辆的行驶速度、载荷，以及加速、减速、匀速等各种工况，这些都会直接造成机动车排放因子的显著变化。

稳定工况下影响机动车运行中污染物排放率的主要参数是发动机运转速度和负荷，平均行驶速度对机动车污染物的排放量有决定性作用。图 1-3 给出了美国 MOBILE 模型中 CO、挥发性有机物（VOCs）及 NO_x 排放因子与平均速度的关系。需要说明的是，上述结果只说明污染物排放与车速的关系，并不代表这一模型可以直接适用于我国的情况，其主要原因是我国车辆与美国车辆在技术水平、排放控制水平等方面存在很大差异。从图 1-3 中可以看出，在平均车速较低时，CO、HC 的排放率较高，而 NO_x 的排放率相对较低并保持相对稳定的状态。其原因是当行驶速度较低时，车辆经常处于怠速工况，发动机负荷较小，燃烧条件恶化，HC 及 CO 排放率较大、NO_x 排放率较小。另外，车辆在较低行驶速度时经常停车与启动、加速，因而 NO_x 并不会随平均行驶速度的降低而线性减少。当车速提高至 40～60 km/h 时，CO、HC 排放明显降低，车辆运行至最佳状态，发动机燃烧充分，燃油经济性进入最佳区域；当速度继续升高时，车辆负荷不断增加，此时 CO、HC、NO_x 的排放率均不断提高，油耗水平也不断上升。

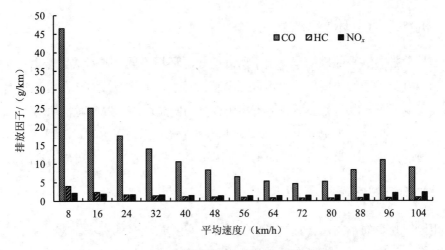

图 1-3　机动车平均速度对排放因子的影响

汽油发动机瞬态工况排放特性与稳态工况排放特性有着很大的差异。发动机瞬态排放特性的测试十分复杂,目前国际上已开发了先进的接触式车载排放测试方法(如道路车载排放测试方法等)和非接触式测量方法(如道路遥感检测法等)来测试机动车在实际道路上行驶时车辆排放的瞬态变化情况。图 1-4 描述了实验研究得出的汽车污染物随车速的变化特征。

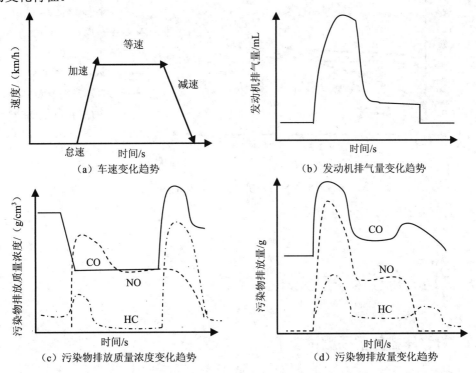

图 1-4　汽车发动机排放特性

1.2.3　机动车运行环境

同一排放控制水平的机动车，由于所处的运行环境不同，其排放因子也会产生很大差别。影响排放因子的主要环境因素包括温度、湿度、海拔高度等。环境温度对车辆的启动排放影响显著，冷启动会造成污染物排放量的明显增加；湿度对机动车 NO_x 的排放影响较大；高海拔地区因空气稀薄会对发动机的进气、排气压力和进氧量带来影响，进而造成排放的加剧。因此，研究机动车排放因子时，一定要注意对环境因素的修正。

1.2.4　车用燃料质量

车用燃料质量的不同，会直接影响机动车实际排放因子的大小。对汽油车而言，汽油中的硫含量、辛烷值、烯烃含量、芳烃含量、金属含量等指标都会对机动车的排放产生显著影响。对柴油车而言，柴油中的硫含量、十六烷值、密度等指标也会对排放产生影响。其中，硫含量的影响最为明显，主要是对排放后处理装置的影响，可造成机动车实际排放量的增加。图 1-5 显示了汽油中不同硫含量对机动车 NO_x 排放因子的影响。

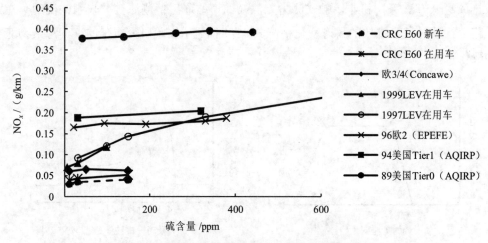

图 1-5　不同硫含量对机动车 NO_x 排放因子的影响

注：ppm 是 part per million 的简称，代表 10^{-6}。

1.3　机动车排放因子研究方法

1.3.1　机动车排放因子测试技术

机动车排放因子测试技术包括直接测量和间接测量两类。直接测量包括实验室台架测试、道路车载排放测试、道路遥感测试等；间接测量包括隧道实验测试、模式模拟测试、燃料消耗估算等。

1. 实验室台架测试

实验室台架测试方法是指在转鼓实验台上模拟汽车实际行驶时的状况，同时对其排气进行取样和分析检测，主要分为对轻型汽车（最大总质量<3.5 t）的整车台架测试和对重型汽车（最大总质量>3.5 t）的发动机台架测试两种。摩托车也采用与轻型汽车类似的整车台架测试，低速载货汽车则采用发动机台架测试。台架测试是目前最可靠的确定机动车排放因子的方法。其缺点也很突出，如测试设备复杂且价格昂贵，整个测试方法对测试工况循环的要求很高，研究者必须使用能代表实际车辆行驶特征的工况循环曲线进行排放因子测试。

台架测试方法是伴随机动车排放法规、标准发展起来的测试方法，主要用于新车认证、产品开发和质量保证等方面。由于受排放标准和测试技术的限制，我国重型汽车排放国一到国五阶段主要以发动机台架测试为主。随着便携式排放测试系统（Portable Emission Measure System，PEMS）、重型车转毂台架设备的开发和逐步使用，直接进行重型车整车排放测试方面的研究和数据积累越来越多，为重型车实际道路上排放因子的研究带来了诸多便利。

2. 道路车载排放测试

近年来，为解决实际道路排放测量和重型车排放测试的问题，道路车载测试方法逐步发展起来。车载排放测试利用 PEMS 对车辆排放直接采样，将排气管连接到车载气体污染物测量装置上，实时测量污染物的体积浓度和排气体积流量，通过计算可以得到气体污染物和 PM 的质量排放浓度，再根据实验测得的瞬时排放量和 GPS（全球定位系统）道路交通信息获得实际排放因子。这种方法不仅可以保证测试的精确度和可靠性，而且可以节约大量的测试时间和测试成本。PEMS 具有重量轻、体积小的特点，能够安放到各种被测车辆上进行检测，得到车辆实际道路行驶特征与排放特征的实时对应关系，为机动车排放因子研究提供了有效方便的测试方法。因此，道路车载排放测试方法是排放因子的重要研究方向，近年来得到了重点关注和发展。这种方法适合于城市尺度和更微观尺度的机动车污染状况研究，但其测试结果需要用台架测试方法进行验证和修正。另外，车载排放测试技术中的 PM 测量方法仍然需要进一步改进。

3. 道路遥感测试

道路遥感测试是在道路边架设仪器，通过不分光红外分析技术和分光或不分光紫外分析技术等自动动态监测机动车尾气管排放的污染物浓度，同时利用激光技术对机动车的行驶速度、加速度进行测量，拍摄系统会对车辆牌照进行记录识别（图 1-6）。1987 年，美国科罗拉多州丹佛大学首次研制出了监测道路机动车尾气排放的红外遥测设备，利用 CO、CO_2 和 HC 能吸收某一特定波长红外线的原理，测量出通过红外光束的机动车尾气中 HC/CO$_2$ 和 CO/CO$_2$ 的比值，再通过计算得到 HC、CO 和 CO$_2$ 的浓度。近年来，该项技术不断完善，在不分光红外分析法的基础上，结合分光或不分光紫外分析法得到 NO$_x$/CO$_2$ 的比值，从而测量出 NO$_x$ 的排放状况。道路遥感测试主要有 3 种用途：①排放污染物的浓度能够进一步转化成基于燃料消耗的排放因子，从而用于建立排放清单；②应用其检测结果对模型估算的排放因子进行评估；③用于加强检查维修（I/M）制度的实施和确定高排放机动车等。虽然在实际道路进行遥感测试既不影响车辆的正常行驶，也不需要被测车辆司机的配合，监测结果还比较真实地反映了道路车辆的实际排放状况，但是其对测试地点的选择有一定要求，也不能同时测量多车道道路上的机动车排放情况。此外，虽然这种方法可以对大多数车辆进行测试，但都是在单一工况下的排放，从这个角度来看，道路遥感测试也属于静态测试技术，迫切需要更先进的实验手段。

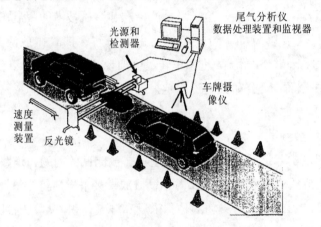

图 1-6　道路遥感测试工作示意图

4. 隧道实验测试

隧道实验是指在将隧道看作一个无其他污染源的实验环境中，通过对进入隧道的车辆类型和数量的统计，对隧道内污染物浓度、风向、风速等物理参数的测量，建立污染物浓度与车辆之间的关系，得到不同类型车辆的排放因子。这种方法工作量较大，如果能够封闭隧道，使不同类型车辆分别进入，将会达到更好的效果，但难度较大。因此，隧道实验测试主要是掌握车队综合排放因子的方法，很难得到不同类型和不同排放控制技术车辆的排放因子信息。美国和欧洲开展的隧道实验测试工作最广泛，主要进行了 2 个方面的研究：①确定轻、重型车车队的气态污染物，PM 和多环芳烃（PAHs）的质量排放因子；②对模型估算的排放因子进行评估和校正，以改进和完善与交通有关的排放模型。

5. 模式模拟测试

模式模拟测试是通过模式模拟和运算来确定机动车排放因子的方法，排放因子模型主要包括基本排放因子和修正参数两部分。研究者根据目标区域中与车辆排放相关的实际情况，如车辆构成、平均行驶速度、油品状况等，按照模式要求进行参数输入和修正，得到实际排放因子清单。模式计算中的基本排放因子也需要通过台架实验测得，通过对实验数据的回归分析，采用数学方法表达各种因素对车辆排放的影响。排放因子模型的基本内容包括法规限定的污染物（如 CO、HC 和 NO_x）排放率，近年来的模型还包括除法规以外的污染物排放率，如温室气体（CO_2 等）排放率。国内外在科学规范的测试方法和大量的实验数据的基础上，建立了国家公认的统一排放因子模型，在机动车排放污染评估、规划和科学决策等方面发挥了极其重要的作用。

6．燃料消耗估算

燃料消耗估算方法主要用于大区域或全球层面的机动车污染物排放量的计算，主要依据车用燃料的消耗量或不同车型的典型油耗水平及对应的单位油耗下的排放水平（油耗排放因子）来推算机动车的排放量。该方法对排放因子的估算较为粗略，其优势表现为对车辆和道路相关信息相对不敏感，适用于对基础数据要求不高时宏观的机动车排放量估算。

1.3.2　机动车行驶工况对排放因子的影响

机动车行驶工况是车辆或发动机在进行排放性能测试时所依照的驾驶模式，主要反映了车辆在道路上行驶时的实际状况，包括怠速、加速、匀速和减速等工况。由于各国的具体情况不同，各个国家机动车排放标准体系下的行驶工况曲线也各不相同。开发和建立一个能够真实反映机动车在某一区域行驶状况的测试循环，对于了解和摸底机动车在本地的实际排放水平具有重要意义。

机动车行驶工况根据其用途可分为法规行驶工况和实际道路行驶工况两种，下面分别对这两类工况进行介绍。

1．法规行驶工况测试循环

法规行驶工况主要用于检验机动车排放状况是否达到法规要求的限值。目前国际上以美国国家环保局（EPA）、欧盟和日本的法规体系为主，其中美国和欧盟的法规行驶工况应用最为广泛，我国主要采用欧盟的法规行驶工况。

美国对机动车行驶工况的研究始于 20 世纪 50 年代中期，由于当时洛杉矶市区内的污染日趋严重，美国汽车制造商协会（AMA）组织了一次调查，通过对汽车在洛杉矶市内一些典型道路上行驶状况的统计，制定了一个包含 11 个工况的行驶工况曲线，用于代表汽车在洛杉矶市区行驶时的真实情况，这一测试循环用来评估新生产车辆的 CO 和 HC 的排放值。经过逐步发展和完善，EPA 最终开发建立了全国统一的联邦试验程序（Federal Test Procedure，FTP）。图 1-7 是美国 FTP-75 行驶工况曲线。该测试循环主要包括 3 个测试过程：冷机过渡过程、热机稳定过程和热机过渡过程，最终测得的排放值由上述 3 个过程的排放值加权求和得到。

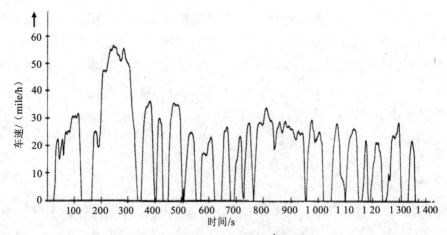

图 1-7 美国 FTP-75 行驶工况曲线

注：1 mile（英里）≈1.61 km。

欧盟从 1970 年开始制定机动车的排放限值与要求，由于其涵盖的国土面积较小，各国之间的经济、交通联系密切，因而各成员国执行统一的排放标准。欧洲的行驶工况为 ECE 15 工况（又称"十五工况"），如图 1-8 所示。从 1992 年开始，欧盟又在原有测试循环的基础上增加了郊区高速公路部分（Extra Urban Driving Cycle，EUDC），如图 1-9 所示。

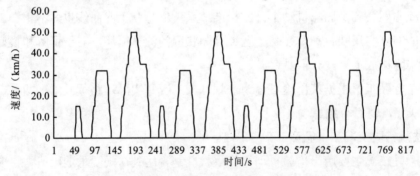

图 1-8 欧洲 ECE 15 工况曲线

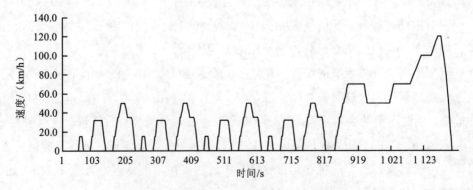

图 1-9 ECE 15+EUDC 行驶工况曲线

与美国联邦测试循环相比，欧盟的测试循环比较简单，平均车速较低，但新增加的 EUDC 部分的车速要高于 FTP-75 中的最高车速。

2．实际道路行驶工况测试循环

目前，世界各国主要沿用美国、欧盟或日本三大标准体系的测试循环。但实际上，由于各个国家在城市道路状况、汽车技术水平、驾驶习惯等方面差别很大，车辆的道路行驶工况不可能与世界三大标准体系的测试循环一致，因此利用标准体系中的测试循环不能准确估算本国车辆在实际道路行驶时的排放状况。为此，许多国家都开展了针对本国汽车道路行驶特征的行驶工况研究，以开发本国的排放因子模型和排放量计算方法。

中国香港理工大学的研究人员通过研究获得了香港地区汽车道路行驶工况曲线，发现香港地区的汽车在实际道路上行驶时的平均速度为 15 km/h 左右，这显示出香港地区交通拥挤的实际状况。我国内地对机动车城市行驶工况的研究起步较晚，1997 年中国环境科学研究院对我国 5 个城市进行了调查，得到了相应的工况特征参数，并建立了我国典型城市的机动车行驶工况特征（表 1-1）。图 1-10 为 1997 年北京市机动车典型道路行驶工况。

表 1-1　中国 5 个城市的道路行驶工况与 ECE 15 工况参数的比较

工况类型	最高速度/（km/h）	平均速度/（km/h）	怠速比例/%	加速比例/%	减速比例/%	匀速比例/%
北京工况	65.26	19.98	16.52	25.29	30.85	27.34
天津工况	50.25	19.05	17.74	26.88	27.64	27.75
大连工况	72.00	33.50	6.14	38.60	22.06	33.19
上海工况	44.00	14.94	31.61	22.83	23.28	22.28
广州工况	50.38	14.14	17.77	29.11	27.16	25.95
ECE 15 工况	50.00	18.70	30.80	21.50	18.50	29.20

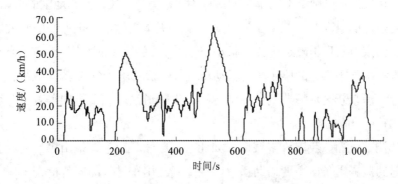

图 1-10　1997 年北京市机动车典型道路行驶工况

　　上述几个城市的机动车道路行驶工况都是以车辆在实际道路上行驶时测得的大量实验数据的统计结果为基础的，通过数据分析、处理合成能够真实反映本地汽车行驶特征道路行驶工况。但是，当城市市政建设快速发展，机动车保有量、人们出行意愿等发生明显变化时，原调查得到的机动车行驶工况就可能不太符合新的情况，需要重新进行调查获取，而典型行驶工况的构建一般需要较长时间。为了能够及时准确地把握机动车的行驶特征和排放状况，国外开发了新的机动车行驶工况表征方法，如 MOVES 模型中对机动车瞬时行驶工况的表征方法。

1.4　我国机动车排放因子研究

　　我国关于机动车排放因子的研究起步于 20 世纪 90 年代中期，但发展十分迅速，已逐步接近世界先进水平。

　　从 1993 年开始，我国先后颁布实施了《轻型汽车排气污染物排放标准》（GB 14761.1—1993，已废止）和《车用汽油机排气污染物排放标准》（GB 14761.2—1993，已废止）两项工况法排放标准，国内的检测机构和科研院所逐步建立了机动车排放检测实验室，引进了国际标准的机动车和发动机排放测试台架，前期的排放测试工作主要按照法规测试工况进行排放检测。1997 年，中国环境科学研究院的刘希玲、丁焰等调查了国内 5 个典型城市的机动车行驶工况，并基于获得的典型工况曲线进行了整车台架的排放因子测试工作，建立了我国轻型汽车的排放因子清单。

　　在隧道和交通峡谷实验研究方面，我国取得了一定的进展。邓顺熙等在西安市城区、成渝高速公路、甘肃七道梁山岭公路等地利用交通隧道进行了多次实验，分析了目前我国的机动车平均排放水平。王伯光等于 2001 年在广州珠江隧道也进行了隧道条件下的排放因子研究。中国环境科学研究院的王玮和丁焰等在北京八达岭潭峪沟隧道进行了机动车排放的隧道实验，以确定不同车型的排放因子。另外，我国台湾地区的 Hwa 等在 2000 年利用台北隧道的机动车排放因子的测试结果对模型进行了校正方面的研究。河海大学的吴中等在南京市富贵山隧道进行了机动车 $PM_{2.5}$ 排放因子的研究。河南省环境监测中心的王玲玲等利用连霍高速的康店隧道机动车进行了机动车 VOCs 的排放特征和排放因子的研究。上海浦东新区环境监测站的邹忠等基于隧道法研究了机动车对上海城市大气环境中氨（NH_3）排放的贡献。

　　在遥感测试方面，我国许多城市（如北京、广州、南京、中山等）的生态环境部门都购置了遥感监测设备，主要借助遥感监测加强在用车排放的监督检查工作。中国环境科学研究院的汤大钢、丁焰等利用美国 ESP 公司的遥感设备对天津市在用车的排放状况进行了监测研究，同时对遥感设备在中国的适应性和可靠性进行了评估；清华大学的周昱等利用遥感技术在北京进行了排放因子的研究；香港科技大学的 T L Chan 等利用遥感技术在香港的 9 个测试地点进行了机动车气态污染物的测试，并估算了机动车速度、加减速度对汽油车排放因子的影响，最后建立了香港不同机动车车龄和发动机排气量的排放因子校正数据库。

21 世纪，国内道路车载排放测试技术得到发展，并逐步成为机动车排放因子研究的重点方法。早期的车载测试设备用五气分析仪与油耗仪耦合搭建，清华大学的胡京南、王岐东，天津大学的杨延相等都开展了类似的研究，以轻型汽油车为主要的测试对象。2005 年后，我国开始成套引进国际先进的车载排放测试设备，并开展了相关研究。北京交通大学的于雷、王文等利用 OEM-2100 设备对北京市大型客车和重型柴油车进行了排放因子测试；上海市环境科学研究院的陈长虹、黄成等利用 SEMTECH 设备对上海的公交车和重型柴油车进行了车载测试；清华大学的贺克斌、姚志良等利用 SEMTECH-DS 设备和 DMM 设备对 102 辆柴油机动车进行了车载测试；中国汽车技术研究中心的李孟良、高继东等利用 OBS-200 设备和 ELPI 设备对北京、天津等地的排放因子进行了测试。目前，国内的车载排放测试设备和方法基本与国际先进水平接轨。

在行驶工况调查方面，国内多家单位都开展了相关研究。2007 年，中国环境科学研究院完成了国内 17 个典型城市的机动车行驶工况调查，车型涉及轻型客车、轻型货车、重型客车、重型货车、公交车、出租车、摩托车、农用车等，比较全面地掌握了我国典型城市机动车的行驶工况特征。中国汽车技术研究中心的李孟良等分析了北京、上海和广州等地的车辆行驶速度、怠速、最大速度、加速度及行程等特征及其分布特征，结合交通特性研究了车辆行驶运动学水平，调查研究了中国机动车行驶工况。研究结果表明，现行 ECE 15 工况与实际行驶工况相比，车辆燃油消耗率被低估约 10%，法规中覆盖的车辆工况范围要远远小于机动车实际行驶工况。清华大学的贺克斌、王岐东等采用 GPS 及多普勒速度仪对我国 8 个不同规模城市的机动车行驶工况进行了测试。众多研究基于大量测试结果，采用特征参数法合成了测试城市机动车行驶工况，分析了我国城市机动车行驶工况特征，表明我国不同规模城市表现出不同的机动车行驶特征，与欧美标准工况相比，在行驶模式分布、平均车速、加减速等方面均存在很大差异。

第 2 章　机动车排放模型调研

　　由于机动车量大面广、型式各异、使用环境区别很大，单一机动车（以下简称单车）的排放差异较大，对单车排放特征的测试无法表征特定使用条件、环境下机动车的整体排放水平，故在不同的历史时期，许多国家都建立了不同的机动车排放清单模型来测算机动车的排放量，以作为大气空气质量模拟或机动车排放管理的重要依据。

　　模型预测是通过模型模拟和运算来确定机动车排放因子的方法，模型预测的基本依据来自实际车辆的排放测试，通过对试验结果的统计分析，可以用数学方法表达各种因素对排放的影响，用排放模型计算排放因子，从而为决策者提供近似精确的排放清单，而不必对各种各样的移动源进行大量的实际排放测试。在特定的环境温度、燃油蒸气压、一定的劣化率及特定的测试流程下，确定测试单车的基础排放因子（BEF），然后在此基础上根据实际条件下各种影响因素与标准工况下的差别对基础排放因子进行修正，从而得到实际运行状况下的排放因子。机动车排放模型按照模拟方法的不同，可以分为平均速度模型和行驶工况模型；按照污染物和参数之间的关系，又可以分为数学关系模型和物理关系模型。平均速度模型主要以 MOBILE、EMFAC、COPERT 等模型为代表，这类模型以平均速度为污染表征参数，通过修正后的排放因子乘以行驶里程得到污染物的排放总量，这些也是数学关系模型，适用于宏观尺度和中观尺度。行驶工况模型建立在机动车的瞬时行驶状态上，通过某一测试工况即时的速度、加速度等参数计算中观或微观的每秒污染物的排放量和油耗，如 IVE、TREMOD、MOVES 等模型。行驶工况模型有数学关系和物理关系两类模型：物理关系模型主要建立发动机瞬时状态与污染排放之间的物理关系，计算污染物的瞬时排放量，如 CMEM 模型；数学关系模型根据逐秒的测试数据，通过不同的回归方法和代用参数建立参数与污染排放间的瞬时关系，如速度-加速度矩阵、发动机功率与瞬时速度排放图（emission map）、VT-MICRO 模型的速度和加速度、IMPAECT 模型的发动机牵引力、MOVES 模型的机动车比功率等。机动车排放模型的分类如图 2-1 所示。

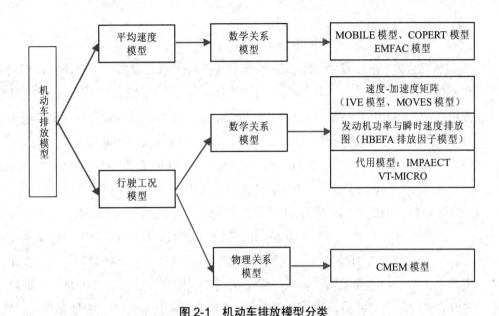

图 2-1　机动车排放模型分类

目前，世界上机动车排放模型的研究重点正逐渐从平均速度代用参数模拟转变为模拟机动车行驶工况对污染排放的影响，模拟的尺度不断向微观层面发展，模型的数据库也不断从新车排放数据向机动车道路实际行驶排放数据转变。美国新一代的机动车模型 MOVES 就建立在大量的便携式尾气检测系统测试的道路实测数据上，模拟范围跨越微观、中观和宏观层面等多尺度。

2.1　平均速度模型

国外最早开发的机动车排放模型为平均速度模型，属于宏观测算模型，如 MOBILE 模型和 EMFAC 模型，分别由美国 EPA 和加利福尼亚州空气资源局（CARB）开发。它们使用的方法类似，即对基于美国 FTP 的台架测试结果进行统计回归，综合考虑汽车的行驶里程、新车技术水平、劣化系数、行驶速度、气温、I/M 制度及燃油品质等因素对排放的影响。然而，这类模型弱化了行驶特征这一影响机动车排放的重要因素，仅用平均速度替代行驶特征表达对排放的影响，采用速度修正因子来计算非 FTP 工况下的排放因子。这种方法对实际行驶路况下机动车排放预测的准确性成为国内外研究者争论的焦点。这类模型还包括欧洲早期开发的 COPERT 模型。尽管宏观模型有着诸多缺点，但由于这类基于平均速度的模型对数据的要求相对较低，模拟宏观尺度的机动车排放模型在宏观层面的机动车排放清单测算和把握上具有很强优势，所以这类模型仍在广泛应用。

2.1.1 MOBILE 模型

美国 EPA 于 1978 年开发了公路机动车排放因子 MOBILE 模型，用于国家、州到地方的空气质量规划制定者估算在用机动车的排放量，为出台相关政策和实施改善空气质量计划提供帮助。MOBILE 模型的源代码用 Fortran 语言编写，用 109 个命令来控制运行输入/输出，其中除了控制文件输入/输出的命令，控制综合排放因子的命令达 80 余个。经过 20 余年（1978—2006 年）的发展、10 余次的修订，MOBILE 模型已经发展到了 MOBILE 6.2 版本，其计算方法越来越完善。MOBILE 模型主要用于评估当前和将来机动车辆尾气排放因子，主要包括 HC、CO、NO_x、PM 等污染物，车型涵盖乘用车、卡车、公交车、摩托车等，计算年限为 1952—2050 年。MOBILE 模型计算所采用的数据来自标准的联邦测试程序及美国 EPA 对在用车所进行的测试结果，并将其作为基本排放因子。MOBILE 模型由于考虑了车辆的不同类型、自重、发动机类型、维修保养情况，以及行驶里程、温度、湿度、燃油等不同客观条件，因此它的计算结果具有比较好的代表性和可比较性，同时由于其良好的可移植性，在全世界得到了广泛应用。

美国 EPA 使用 MOBILE 模型来评估高速公路上排放移动源控制策略，地区规划部门用 MOBILE 模型来制定排放清单和控制策略及交通规划，学者使用它来研究环境影响状况。将车辆分类以后，MOBILE 模型可根据不同类别各自的排放特性，独立进行排放因子的计算，也可依据各个排放因子的权重进行加权平均，从而得到总的排放因子。

MOBILE 模型的每次改进都使其对实际（平均）排放进行模型化的方法趋于完善，其发展历史见表 2-1。

表 2-1　MOBILE 模型发展历史

版本	发布日期	模型修订要点
MOBILE 1	1978 年	针对公路机动车排放因子的第一个模型
MOBILE 2	1981 年	给用户提供了输入选择控制
MOBILE 3	1984 年	对非排气管排放的在用排放因子的估算使通过雷诺蒸气压（RVP）测得的"实际"燃料挥发性得以校正
MOBILE 4	1989 年	增加了运行损失，作为以汽油为动力的机动车的直接排放源，对废气排放率的燃料挥发性（RVP）影响进行模型化；用户对输入数据的控制继续扩大
MOBILE 4.1	1991 年	更新了数据；增加了许多特征参数，允许用户控制更多影响排放因子水平的因素，包括更多的 I/M 制度设计等
MOBILE 5	1993 年	用新的在用车数据进行更新，包括以新的基本排放率为基础的方程，该方程是通过各州履行 IM 240 测试程序测得的大量数据库得来的,包括新的蒸发排放测试程序（非废气排放水平的影响）；加利福尼亚州颁布相关法规以后，模型中又包括了低排放机动车（LEV）程序模式；在交通范围以外，对模型排放因子的速度校正进行修正

版本	发布日期	模型修订要点
MOBILE 5a	1993 年	在 MOBILE 5 发布约 4 个月后发布，修正了在某些特定工况下的一些小错误
MOBILE 5b	1996 年	自 MOBILE 5 和 MOBILE 5a 发布以来，更新了受新法规影响的内容；恢复怠速排放因子的计算，并扩大了计算年份的范围，从而可以计算 2020—2050 年的排放因子；大大提高了 I/M 制度模型化的弹性，校正逐步实行 I/M 制度第一个周期后的排放效益
MOBILE 6	2001 年	考虑了路型和司机行为对排放的影响，将机动车的分类扩展到 28 种，增加了新法规，如 2007 年柴油车标准对排放因子的影响，油品参数、机动车测试参数、环境参数均有所增加
MOBILE 6.1	2002 年	基于美国 EPA 的 PART5（为最新的机动车 PM 排放模型），增加了 PM 排放因子的计算，引入了相应的测算选项，增加了 CO_2 排放因子的计算
MOBILE 6.2	2002 年	增加了非常规有毒空气污染物（HAPs）排放因子的测算

最新版 MOBILE 6.2 可以计算 1952—2050 年的机动车排放因子，涉及 28 种车型，其中汽油车 13 种、柴油车 11 种、公交车 3 种、摩托车 1 种（表 2-2），以及 25 个模型年、14 个速度区间，并提出 12 种排放类型。其中，4 种排放类型涉及尾气管排放（冷启动排放、热启动排放、空转排放、稳定行驶下的排放），6 种排放类型涉及蒸发排放（热启动蒸发排放、每日蒸发排放、停车蒸发排放、行驶蒸发排放、加油蒸发排放及加油鹤管蒸发排放），2 种排放类型涉及 PM 排放（刹车片磨损排放及轮胎磨损排放）。MOBILE 6.2 中的道路类型包括高速公路、主干道、城市支路、弯曲的坡路及其他道路共 5 种，污染物种类包括 HC[总碳氢化合物（THC）、非甲烷总烃（NMHC）、VOCs、总有机气体（TOG）、非甲烷有机气体（NMOG）]、CO、CO_2、NO_x、硫酸盐、有机碳（OC）、黑碳（EC）、气态颗粒物（GASPM）、铅（Pb）、SO_2、NH_3、刹车片磨损引起的 PM、轮胎磨损引起的 PM、苯、甲基叔丁基醚、1,3-丁二烯、甲醛、乙醛和丙烯醛。

表 2-2　MOBILE 6.2 机动车分类

编号	缩写	描述
1	LDGV	轻型汽油车（小客车）
2	LDGT 1	轻型汽油卡车 1（0～6 000 lbs. GVWR，0～3 750 lbs. LVW）
3	LDGT 2	轻型汽油卡车 2（0～6 001 lbs. GVWR，3 751～5 750 lbs. LVW）
4	LDGT 3	轻型汽油卡车 3（6 001～8 500 lbs. GVWR，0～3 750 lbs. LVW）
5	LDGT 4	轻型汽油卡车 4（6 001～8 500 lbs. GVWR，3 751～5 750 lbs. LVW）
6	HDGV 2b	重型汽油车 2b（8501～10 000 lbs. GVWR）
7	HDGV 3	重型汽油车 3（10 001～14 000 lbs. GVWR）
8	HDGV 4	重型汽油车 4（14 001～16 000 lbs. GVWR）

编号	缩写	描述
9	HDGV 5	重型汽油车 5（16 001～19 500 lbs. GVWR）
10	HDGV 6	重型汽油车 6（19 501～26 000 lbs. GVWR）
11	HDGV 7	重型汽油车 7（26 001～33 000 lbs. GVWR）
12	HDGV 8a	重型汽油车 8a（33 001～60 000 lbs. GVWR）
13	HDGV 8b	重型汽油车 8b（＞60 000 lbs. GVWR）
14	LDDV	轻型柴油车（小客车）
15	LDDT 12	轻型柴油卡车 1 和 2（0～6 000 lbs. GVWR）
16	HDDV 2b	重型柴油车 2b（8 501～10 000 lbs. GVWR）
17	HDDV 3	重型柴油车 3（10 001～14 000 lbs. GVWR）
18	HDDV 4	重型柴油车 4（14 001～16 000 lbs. GVWR）
19	HDDV 5	重型柴油车 5（16 001～19 500 lbs. GVWR）
20	HDDV 6	重型柴油车 6（19 501～26 000 lbs. GVWR）
21	HDDV 7	重型柴油车 7（26 001～33 000 lbs. GVWR）
22	HDDV 8a	重型柴油车 8a（33 001～60 000 lbs. GVWR）
23	HDDV 8b	重型柴油车 8b（＞60 000 lbs. GVWR）
24	MC	摩托车（汽油）
25	HDGB	汽油公共汽车（学校、运输和城市）
26	HDDBT	柴油运输和城市公共汽车
27	HDDBS	柴油校车
28	LDDT 34	轻型柴油卡车 3 和 4（6 001～8 500 lbs. GVWR）

注：lbs.——磅（1 lb≈0.45 kg）；GVWR——车辆总重量；LVW——荷载质量。

MOBILE 6.2 模型的排放计算思路是，首先，在特定的环境温度、燃油蒸气压、一定的劣化率及特定的测试流程下，确定测试单车的基础排放因子；然后，基于基础排放因子，根据实际条件下各种影响因素与标准工况下的差别对其进行修正；最后，得到实际运行状况下的排放因子（图 2-2）。

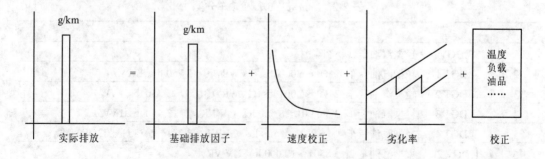

图 2-2　MOBILE 6.2 排放因子计算框图

MOBILE 模型的基本计算公式都是在对实车排放测试数据进行长期跟踪和统计分析后得到的经验公式，测试数据主要来源于美国 EPA 进行的在用车测试及根据 FTP 测试进行的新车排放测试结果。MOBILE 模型作为基于试验数据的计算程序，随着实验数据的不断积累而不断地进行改进。从这些数据的测试分析中可以得出在不同时期的排放标准条件下的不同车型、不同行驶里程的平均排放因子，同时还可以得到各种参数（如车辆的载重、自重、环境因素及维修保养状况等）对排放的影响。

基础排放因子的计算基于以下两点假设：

一是基础排放因子随行驶里程的增加线性劣化，劣化曲线的截距和斜率分别是零公里排放因子（ZML）和劣化率（DR），零公里排放指的是机动车刚出厂时的排放水平，劣化率指的是机动车在使用过程中随着车龄的增长、行驶里程的增加导致的排放水平降低率、排放增加率。

二是同一年代或采用相同排放控制技术生产的相同类型的车辆，其排放水平相似。确定车型和类别后，大量的数据表明在一定的环境条件下（如 FTP 测试的标准条件），车辆的排放因子与其行驶里程成线性关系，见式（2-1）：

$$BEF = ZML + DR \times M \tag{2-1}$$

式中，BEF——基础排放因子，g/km；

ZML——零公里排放因子，g/km；

DR——劣化率，$g/(km/10^4 \text{ km})$；

M——实际总行驶里程，km。

不同种类的机动车有着不同的 ZML 和 DR，各种机动车对总排放水平的权重，即这类车辆的行驶里程数占总机动车行驶里程数的大小，在该模型中称为里程权重系数（Travel Weighting Factor）。通过统计各类车型每年行驶的平均里程数与该类车型在车辆登记时所占比例的大小，可获得该类车型的行驶里程数，从而可以确定该类车型在总排放中的权重。另外，根据美国大量实验测试的结果，回归得到对应于不同技术年代、不同污染物类型和不同车型的可用于上述计算公式的参数，这些参数就构成了 MOBILE 6 模型的核心。

由于基础排放因子是在标准工况下测试的结果，排除了背景条件、运行工况、油品等各种因素的差别，因此美国 EPA 认为它们之间是具有可比性的，其差异是机动车排放控制技术水平的集中反映。

在计算了代表基本排放水平的基础排放因子之后，MOBILE 6.2 模型考虑了环境因素、运行状况、燃油状况及 I/M 制度等影响机动车实际排放的各种因素，并对基础排放因子进行了修正，得到排放因子（EF）。EF 的简化数学表达式如下：

$$EF = (BEF + B_t - B_{im}) \times C_t \times C_r \times C_s \times C_o \times C_a \tag{2-2}$$

式中，B_t——由于部件损坏造成的排放的增加，g/km；

　　　B_{im}——I/M 制度造成的排放的减少，g/km；

　　　C_t——温度修正系数，量纲一；

　　　C_r——燃油饱和蒸气压修正系数，量纲一；

　　　C_s——速度修正系数，量纲一；

　　　C_o——运行状况修正系数，量纲一；

　　　C_a——空调、湿度等的综合修正系数，量纲一。

　　PART 5 模型是由美国 EPA 开发的计算道路机动车 PM 排放因子的数学模型，它根据多年来对大量车辆测试数据的分析回归，得到计算机动车 PM 排放因子的经验公式，是 MOBILE 6 模型的重要组成部分。其分析所用的数据来源于美国 EPA 组织的各种不同在用车排放水平测试结果，以及 FTP 测试中得到的排放结果。该模式建构的思路与美国 EPA 用于计算机动车气态污染物排放因子的 MOBILE 5 模式基本一致。PART 5 模型根据发动机的类型及车辆的重量将机动车分为 12 类，对于不同类型的车辆分别考虑油品质量、车速、维修保养状况等各种因素对排放的影响，并从这些数据的测试分析中获得各年份、各车型的车辆排放因子平均水平，以及 PM 中各重要化学组分（铅、硫酸盐、可溶性有机物和残余碳等）的组成比例。对于每类机动车而言，其综合排放因子的基本计算公式如下：

$$EFCOMP_v = \sum EF_{m,v} \cdot TF_{m,v} \tag{2-3}$$

式中，$EFCOMP_v$——v 类机动车的综合排放因子，g/km；

　　　$EF_{m,v}$——车龄 m 年的 v 类机动车的排放因子，g/km；

　　　$TF_{m,v}$——车龄 m 年的 v 类机动车的行驶里程在该类机动车总行驶里程中所占的比
　　　　　　　　例，%。

　　影响 $EF_{m,v}$ 的因素很多，模型通过测试结果回归出经验公式进行计算。其表达式可由包含下述各项参数的回归方程表述：

$$EF_{m,v} = f(V, C_S, C_{Pb}, FQ, FE, PS, CA, IM) \tag{2-4}$$

式中，V——速度修正参数；

　　　C_S——油品的含硫量参数；

　　　C_{Pb}——油品的含铅量参数；

　　　FQ——油品的其他影响参数；

　　　FE——燃油经济性参数；

PS——PM 的粒径分布参数；

CA——机动车安装催化转化装置的比例参数；

IM——机动车维修保养状况影响参数。

2.1.2 EMFAC 模型

EMFAC 模型是美国加利福尼亚州空气资源局独立开发的车辆排放模型，于 1988 年发布，初期版本为 EMFAC-7D，然后经过改善依次颁布了 EMFAC-7E、EMFAC-7F 和 EMFAC-7G，并于 2000 年 5 月发布了 EMFAC 2000，目前为最新版本 EMFAC 2017。EMFAC 模型通过对 10 种不同的机动车分类和 3 种技术分组导致的 17 种分类技术组合进行了排放估算（表 2-3），其中燃料类型包括汽油（包括乙醇汽油）、柴油、天然气等几类，排放水平包括 LEVI、ULEVI、LEVII、ULEVII、PZEV、ATPZEV、ZEV 等不同类型机动车的排放水平。

表 2-3　EMFAC 模型中机动车分类　　　　　　　　　　　　　　　单位：lb

代号	车型	车重划分
PC	乘用车	所有
T1	轻型卡车 1 类	0～3 750
T2	轻型卡车 2 类	3 751～5 750
T3	中型卡车	5 751～8 500
T4	轻中型卡车 1 类	8 501～10 000
T5	轻中型卡车 2 类	10 001～14 000
T6	中重型卡车	14 001～33 000
T7	重型卡车	33 001～60 000
T8	拖挂型卡车	60 001 以上
UB	公交车	所有
MC	摩托车	所有
SB	校车	所有
MH	轻型摩托车（家用摩托车）	所有

EMFAC 模型的参数来源是美国 EPA 组织的各种不同在用车排放水平检测结果，也是 FTP 测得的排放结果。该模型除可以计算 1970—2040 年 HC、CO、NO_x、CO_2、PM 等常规污染物的排放量外，还增加了温室气体排放模型（CO_2、N_2O、CH_4 等）和天然气车辆排放的测试模块。该模型基于 Java，界面相对友好，较容易修正车速、运行、温度等输入参数。然而，由于加利福尼亚州的排放标准与美国其余州有差异，该模型在推广方面遇到困难。

EMFAC 2017 版本提供了 3 种机动车排放计算方法：①缺省模块，允许用户通过简单的机动车保有量深入利用模型中默认的排放因子、修正因子、活动水平等进行机动车排放宏观测算；②定制模块，允许用户利用模型中提供的模板输入特征型的替代活动水平进行特定模式下的机动车排放量测算；③项目模块，允许用户通过输入特定的车辆排放速率、特定情形下的机动车活动水平等数据进行有目的的机动车排放测算。EMFAC 模型计算流程如图 2-3 所示。

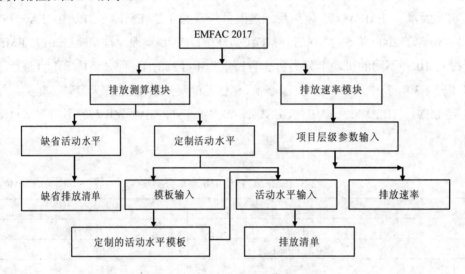

图 2-3　EMFAC 模型计算流程

2.1.3　COPERT 模型

COPERT 是由欧洲环保局支持开发的 MS Windows 环境下的应用软件，也是欧洲国家计算道路机动车排放量的重要工具，COPERT 的辅助模型可以计算非道路发动机排放（农用机械等非道路机动车的废气排放）清单。COPERT 模型的输出结果可计算区域内机动车尾气排放污染物总和。与 MOBILE 模型相比，COPERT 模型对车型分类更细，评价污染物种类更多，能够计算一些并不常见的污染物（如 N_2O、NH_3、SO_2 等）的排放清单。

该模型的第一个版本诞生于 1989 年，经过四次改进，现在最新的版本是 COPERT 4，正在开发 COPERT 5。模型原理与 MOBILE、EMFAC 等模型类似，采用平均速度表征车辆行驶特点。该模型的排放因子包括热排放、冷启动排放和蒸发排放，都是机动车平均速度函数，可以计算单车或者车队一年中的污染物排放量，其模型结构如图 2-3 所示。模型的测试工况为 ECE 15+EUDC 及 41 个基于实际道路的工况循环。该模型根据车型、排放标准及燃料的不同把机动车分为乘用车、轻型货车、重型货车、城市公交车及长途客车、两轮车等（表 2-4）。排放阶段根据欧洲法规的推进分为欧Ⅰ前、欧Ⅰ、欧Ⅱ、欧Ⅲ、欧

IV、欧 V、欧 VI 等，可计算的污染物不但包括 HC、CO、NO_x 和 PM 等常规污染物，还包括有机碳、无机碳、苯、甲基叔丁基醚、1,3-丁二烯、甲醛、乙醛、丙烯醛等非常规污染物。

表 2-4　COPERT 模型的机动车分类

车型分类	分级
乘用车	汽油≤3.5 t
	柴油<3.5 t
	汽油>3.5 t
重型卡车	刚性连接<7.5 t
	刚性连接 7.5～12 t
	刚性连接 12～14 t
	刚性连接 14～20 t
	刚性连接 20～26 t
	刚性连接 26～28 t
	刚性连接 28～32 t
	刚性连接>32 t
	铰接 14～20 t
	铰接 20～28 t
	铰接 28～34 t
	铰接 34～40 t
	铰接 40～50 t
	铰接 50～60 t
公交/长途客车	公交<15 t
	公交 15～18 t
	公交>18 t
	旅游/大巴≤18 t
	旅游/大巴>18 t
	压缩天然气（CNG）车

COPERT 模型将机动车排放分为尾气排放、蒸发排放和磨损排放，这三类排放源加和可得到总的机动车排放，各种排放源具体核算的 COPERT 模型排放种类见表 2-5。计算时，具体的输入包括燃料的特性参数（消耗量、燃料的 RVP 值、组分/含量等）、活动水平数据（分类机动车保有量、每种排放阶段下的车队组成、每类型车的行驶里程、每种道路上的行驶里程等）、行驶状况（每种车型、每种道路类型下的平均速度）及其他特性参数（环境参数、平均行驶距离、运行温度变化范围等），结合程序中内嵌的各类排放系数、冷启动行驶里程比例等，可最终计算出机动车的排放情况。

表 2-5　COPERT 模型排放种类

排放种类	描述
尾气排放	热稳定运行排放
	启动排放
蒸发排放	热漬蒸发排放
	昼夜温差蒸发排放
	运行损失蒸发排放
磨损排放	制动器磨损
	轮胎磨损
	地面磨损

2.1.4　TREMOD 模型

TREMOD 模型由德国海德堡能源与环境研究所（IFEU）开发，主要由德国联邦环境署、联邦高速研究院等政府部门，汽车工业协会、石油工业协会等社会组织使用，无公众版，主要应用于德国、瑞士、奥地利。该模型第一版始于 1990 年，2017 年出了 3.3 版，目前版本为 5.2 版。该模型基于 ACESS 软件平台，允许用户选择车队特征、堵塞状况，然后计算综合排放率。排放构成包括热尾气排放、启动排放、蒸发排放等。最新版本考虑了坡度、大范围工况对排放的影响，为计算道路、非道路移动源的排放和燃料消费打下了基础。

TREMOD 模型中的排放因子由 HBEFA 模型拟合而来。该模型的机动车排放量计算方法与 MOBILE 模型类似，基于保有量、行驶里程、排放因子获得，公式如下：

$$E = N \times M \times \mathrm{EF} \tag{2-5}$$

式中，N——机动车保有量，辆；

　　　M——行驶里程，km；

　　　EF——排放因子，g/km。

相应地，TREMOD 模型分为三大模块：①车队模块，之前年份的机动车保有量、新注册量及保有量存活曲线等；②行驶里程模块，按道路类型、交通状况、车辆类型划分的行驶里程；③排放模块，按车辆类型、交通状况划分的排放因子。

与 MOBILE 模型不同的是，TREMOD 模型中的排放因子是由 HBEFA 模型拟合而来的，考虑得更细致，后续章节有专门论述。

2.2　行驶工况模型

2.2.1　IVE 模型

IVE 模型（International Vehicle Emission Model）是由美国加利福尼亚大学河滨分校工程学院环境研究与技术中心（CE-CERT）、全球可持续体系研究组织（GSSR）和国际可持续研究中心（ISSRC）在美国 EPA 的支持下共同开发的便于发展中国家进行本地化处理的机动车排放模型。该模型于 2003 年夏季正式推出，采用了基于车辆技术和当地行驶模式的方法，较好地解决了汽车尾气排放模型与驾驶工况无关的问题。

IVE 模型具有以下特点：①可以分别计算所有车辆在启动和行驶时的污染物排放量，并综合得到整体的排放因子；②机动车的燃料种类齐全，目前可能使用的汽车燃料基本全部包括在内；③根据不同的车辆技术对车辆进行分类，增加了符合欧洲排放标准的发动机技术。其计算方法在本质上与宏观排放模型的方法类似，即利用模型内嵌的基本排放因子乘以一系列修正系数，从而得到当地城市每种技术类型机动车的排放因子。不同之处在于对行驶特征影响因素的处理，该模型利用机动车短行程平均速度对基本排放因子进行校正。

为了更好地反映行驶状态对排放率的影响，IVE 模型引入了机动车比功率（Vehicle Specific Power，VSP）和发动机特征强度（Engine Stress，ES）2 个参数，用于表征机动车瞬态工作状态与排放的关系。VSP 一般被定义为瞬态机动车输出功率与机动车质量的比值，是由瞬时速度、加速度、坡道阻力、轮胎阻力和空气阻力共同组成的一个参数，单位为 kW/t。IVE 模型把车辆大致分为 5 种基本类型：普通轻型车、出租车、公交车、卡车和柴油汽车，并认为相同基本类型车辆的特定污染物排放随 VSP 变化的关系是相同的，不同基本类型车辆的污染物排放与 VSP 变化的关系不同，通过调整输入修正因子可以得到特定车辆的排放因子，式（2-6）给出了 VSP 的计算关系：

$$VSP = v\{1.1a + 9.81[a\tan(\sin\beta)] + 0.132\} + 0.000\,302v^3 \qquad (2\text{-}6)$$

式中，v ——车辆行驶速度，m/s；

$\quad$ a ——车辆行驶瞬态加速度，m/s^2；

$\quad$ β ——道路坡度。

为了更准确地建立发动机的工作状态与污染物排放的关系，IVE 模型又引入了量纲一参数 ES。ES 与机动车瞬时速度和发动机前 20 秒的历史 VSP 有关，见式（2-7）：

$$ES = 0.08P_{\text{ave}} + R_{\text{index}} \qquad (2\text{-}7)$$

式中，P_{ave}——机动车前 25 秒到前 5 秒的 VSP 平均值，kW/t；

0.08——经验系数，t/kW；

R_{index}——发动机转速指数，是瞬态速度与速度分割常数的商，速度分割常数的取值由 v 和 VSP 确定，其取值范围见表 2-6。

表 2-6   速度分割常数取值范围

速度 v /（m/s）	VSP/（kW/t）	速度分割常数/（s/m）
≤5.40	—	3
5.40＜v≤8.50	≤16	5
	≥16	3
8.50＜v≤12.50	≤16	7
	≥16	5
＞12.5	≤16	13
	≥16	5

IVE 模型利用 VSP 和 ES 2 个参数将发动机瞬时工作状态分为 60 个区间（Bin）（表 2-7），VSP 每增加 4 kW/t 为一个 Bin，每个 VSP Bin 对应不同的排放水平，其排放修正系数也不相同，据此建立发动机瞬时工作状态与排放的分段对应关系，从而可以计算得到机动车在不同行驶工况下的排放因子。

表 2-7   Bin 与 VSP 和 ES 的对应关系

VSP Bin/（kW/t）	ES 低负荷	ES 中负荷	ES 高负荷
	[−1.6，3.1)	[3.1，7.8)	[7.8，12.6)
[−80.0，−44.0)	0	20	40
[−44.0，−39.9)	1	21	41
[−39.9，−35.8)	2	22	42
[−35.8，−31.7)	3	23	43
[−31.7，−27.6)	4	24	44
[−27.6，−23.4)	5	25	45
[−23.4，−19.3)	6	26	46
[−19.3，−15.2)	7	27	47
[−15.2，−11.1)	8	28	48
[−11.1，−7.0)	9	29	49
[−7.0，−2.9)	10	30	50

VSP Bin/（kW/t）	ES 低负荷 [−1.6，3.1)	ES 中负荷 [3.1，7.8)	ES 高负荷 [7.8，12.6)
[−2.9，1.2)	11	31	51
[1.2，5.3)	12	32	52
[5.3，9.4)	13	33	53
[9.4，13.6)	14	34	54
[13.6，17.7)	15	35	55
[17.7，21.8)	16	36	56
[21.8，25.9)	17	37	57
[25.9，30.0)	18	38	58
[30，1 000.0)	19	39	59

大量研究表明,车辆 VSP 能够真实地反映车辆行驶状况与污染物排放量之间的关系,因此 IVE 模型被应用于模拟行驶状态对排放因子的影响。该模型能够通过内嵌的基本排放因子乘以一系列的修正因子,得到每种技术类型车辆修正后的基本排放因子,然后与目标区域内的车辆技术组成和各车型的动态总量相结合,最后得到整个车队的总体排放。由于其借鉴了 MOBILE 模型的思路,最终得到的是每种技术类型车辆的排放因子,其模块思路又便于在发展中国家进行本地化处理,因此得到了广泛的应用。

2.2.2　MOVES 模型

近年来,美国 EPA 借鉴 IVE 模型的开发思路发布了新一代排放模型——MOVES 模型,用于表征行驶工况的影响,而机动车负荷的影响定义则与 IVE 有着明显区别,主要利用速度、加速度来表征。在区间化的排放因子获取上,MOVES 模型内嵌了大量机动车排放的台架和车载实测数据,应用于国家、城市和路段等不同尺度的排放模拟研究。与MOBILE 模型相比,MOVES 模型的模拟精度更高,采用了可视化的用户操作界面和开放式的数据库管理系统,用户可通过设置自定义区域进行模型的本地化修正。

在 MOVES 模型的发展过程中,2005 年 1 月,美国 EPA 发布了 MOVES 2004,只包括能源消耗和温室气体计算功能;2009 年 12 月,美国 EPA 发布了 MOVES 2010 正式版。在随后的一段时间里,MOVES 2010 取代了 MOBILE 6 成为美国(除加利福尼亚州外)的排放测算法规模型。MOVES 模型包含宏观、中观和微观 3 种情况,采用的是开放性数据库管理系统,因此该模型在不同地区都有较强的适应性。

MOVES 2010 的操作控制板上共有 11 个控制选项,包括时间、车型、道路类型、污染物等。给定预测时间、地点、车辆类型和排放过程后,污染物排放可以按照以下步骤进行计算:

一是计算车辆所有行驶特征信息,即基于不同排放过程的行驶特征信息,如排放源运行时间（SHO）、机动车启动数量、排放源停车时间（SHP）和排放源时间（SH）等；

二是把所有的车辆运行信息分布到排放源和运行工况区间上，每个区间对应的排放过程是唯一的；

三是计算排放率，在给定排放过程、排放源区间和运行工况区间的基础上，排放率可以表征排放源的排放特征，但也会受到额外因素的影响，如燃油和温度；

四是把分布在排放源和运行工况区间（来自第二步）上的所有排放相加。其数学表达式如下：

$$TE_{process,source\ type} = \sum ER_{process,\ Bin} \times Ac_{Bin} \times Aj_{process} \tag{2-8}$$

式中，TE——总排放量，g；

process——排放过程；

source type——排放源类型；

Bin——排放源工况区间；

ER——排放率，g/s；

Ac——行驶特征；

Aj——调整因子，量纲一。

MOVES 模型的核心主要由四部分组成（图 2-4）：总行驶特征生成块（TAG）、运行工况分布生成块（OMDG）、排放源 Bin 分布生成块（SBDG）和排放计算块（Emission Calculator）。

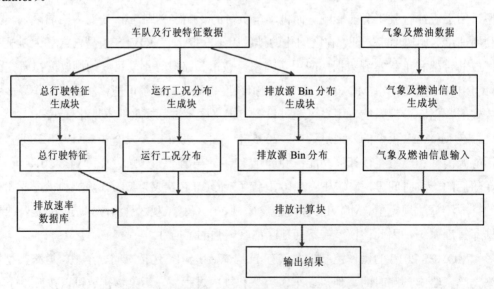

图 2-4   MOVES 模型结构

运行模式的计算方法主要应用了车辆比功率法。VSP 代表车辆的牵引功率，是速度、加速度、重量和车辆道路载荷系数（A，B，C）的函数，计算方法如下：

$$VSP_t = \frac{Av_t + Bv_t^2 + Cv_t^3 + mv_t a_t}{m} \tag{2-9}$$

式中，v——速度，m/s；

　　　a——加速度，m/s^2；

　　　m——质量，t；

　　　A——滚动阻力，kW·s/m；

　　　B——旋转阻力，kW·s^2/m^2；

　　　C——空气阻力，kW·s^3/m^3。

运行模式（VSP Bin）分类见表 2-8，其中代表"巡航和加速"的共有 21 种模式（VSP>0），代表"滑行"的有 1 种模式（VSP≤0），代表空转和减速/制动的各有 1 种模式（加速度 a≤-3.2 或者 a_t≤-1.6 且 a_{t-1}≤-1.6 且 a_{t-2}≤-1.6），共 23 个分区。

表 2-8　MOVES 模型的 VSP 分区

VSP 分区/（kW/t）	速度分类/（mile/h）		
	1~25	25~50	>50
<0	11	21	—
0~3	12	22	33
3~6	13	23	—
6~9	14	24	35
9~12	15	25	—
12~15	16	27	—
15~18			37
18~21			—
21~24		28	38
24~27		29	39
27~30		—	—
>30		30	40

对于重型车，MOVES 模型采用比例牵引功率（STP）代替 VSP 进行计算。STP 代表车辆的牵引功率，按照常数缩放以适用于现有的 MOVES 模型运行模式定义。与 VSP 不同的是，STP 未通过车辆质量标准化，是通过发动机工作情况（负载率），而不是车辆距离来确定的；同时，虽保持了排放因子与功率的关系方法，但道路数据和底盘数据在计算公式中利用比例因子（fixed Mass Factor）进行校正。

$$\text{STP}_t = \frac{Av_t + Bv_t^2 + Cv_t^3 + mv_t a_t}{f_{\text{scale}}}$$ （2-10）

式中，f_{scale}——比例因子；

其他参数意义与式（2-9）相同。

2.2.3 HBEFA 排放因子模型

HBEFA 排放因子模型是由德国、瑞士机动车排放研究相关机构（Infras 公司）共同开发完成的，其中的排放因子主要基于小客车和重型车排放模型（Passenger car and Heavy duty vehicle Emission Model，PHEM）计算获得。PHEM 原理如下：利用整车台架测试、发动机台架测试、车载排放测试等获取逐秒的排放数据，使用车辆速度、路面坡度、行驶阻力、传动系统损失等计算逐秒的发动机动力，使用传动比和挡位转换模型等计算逐秒的发动机速度，建立发动机动力、发动机速度与排放之间的关系（排放图谱或发动机图谱）；输入车辆特征、运行工况（交通模态）、发动机全负荷曲线等，计算不同车型、不同交通状况下的模拟值，再基于瞬态修正函数对模拟值进行修正得到排放因子。排放图谱为油耗或排放随发动机动力、发动机速度的变化曲线图，主要通过试验方法确定。

发动机动力模拟主要基于输入的车辆特征、运行工况计算获得，公式如下：

$$P_e = P_R + P_L + P_A + P_S + P_{\text{transmission}} + P_{\text{Auxiliaries}}$$ （2-11）

式中，P_R——克服滚动阻力所需的功率，kW；

P_L——克服风阻所需的功率，kW；

P_A——克服路面坡度所需的功率，kW；

P_S——加速所需的功率，kW；

$P_{\text{transmission}}$——传动系统损失所需的功率，kW；

$P_{\text{Auxiliaries}}$——辅助设备损失所需的功率，kW。

P_R 采用式（2-12）计算：

$$P_R = \left(m_{\text{vehicle}} + m_{\text{load}}\right) \times g \times \left(F_{r0} + F_{r1} \times v + F_{r4} \times v^4\right) \times v$$ （2-12）

式中，m_{vehicle}、m_{load}——空车、载重质量，kg；

Fr_0, Fr_1, Fr_4——传动阻力系数，量纲一；

v——车辆速度，m/s；

g——重力加速度，m/s^2。

P_L 采用式（2-13）计算：

$$P_L = C_d \times A_{Cs} \times \frac{\rho}{2} \times v^3 \qquad (2\text{-}13)$$

式中，C_d——空气阻力系数，量纲一；

    A_{Cs}——迎风面积，m^2；

    ρ——空气密度，kg/m^3。

P_A 采用式（2-14）计算：

$$P_A = \left(m_{vehicle} + m_{Rot} + m_{load}\right) \times a \times v \qquad (2\text{-}14)$$

式中，m_{Rot}——旋转加速时的测试机需求质量，kg；

    a——车辆加速度，m/s^2。

m_{Rot} 采用式（2-15）计算：

$$m_{Rot} = \frac{I_{wheel}}{r_{wheel}^2} + I_{mot} \times \left(\frac{i_{axle} \times i_{gear}}{r_{wheel}}\right)^2 + I_{transmission} \times \left(\frac{i_{axle}}{r_{wheel}}\right)^2 \qquad (2\text{-}15)$$

式中，I——转动惯量，kg/m^2；

    r_{wheel}——轮毂半径，m；

    i_{axle} 和 i_{gear}——传动轴和齿轮传动比，量纲一。

克服路面阻力消耗功率（P_s）采用式（2-16）计算：

$$P_S = \left(m_{vehicle} + m_{load}\right) \times g \times \text{Gradient} \times 0.01 \times v \qquad (2\text{-}16)$$

式中，Gradient——路面坡度，%；

    其他参数意义见式（2-12）。

传动损失 $P_{transmission}$ 采用式（2-17）计算：

$$P_{transmission} = A_0 \times \left(P_{Differential} + P_{Geari}\right) \qquad (2\text{-}17)$$

式中，A_0——车辆传动损失修正因子，量纲一；

    $P_{Differential}$——差分器传动功率损失，kW；

    P_{Geari}——齿轮传动损失，kW。

传动系统损失 $P_{Auxiliaries}$ 采用式（2-18）计算：

$$P_{Auxiliaries} = P_0 \times P_{Rated} \qquad (2\text{-}18)$$

式中，P_0——辅助设备所需功率与额定功率的比值，量纲一；

    P_{Rated}——额定功率，kW。

发动机速度模拟基于车辆速度、轴和齿轮传动比、轮胎直径计算获得，公式如下：

$$n = v \times 60 \times i_{\text{axle}} \times i_{\text{gear}} \times \frac{1}{D_{\text{wheel}} \times \pi} \qquad (2\text{-}19)$$

式中，v——车辆速度，m/s；

i_{axle}、i_{gear}——传动轴和齿轮传动比，量纲一；

D_{wheel}——轮胎直径，m。

挡位转换策略模拟假定驾驶者操作分为三类：快速驾驶者（速度最快）、经济驾驶者（燃油消耗量最低）、平均驾驶者（介于两者之间）。不同驾驶者挡位转换策略模块如下：

快速驾驶者：当实际发动机速度超过该挡位发动机速度上限时，往上换 1 挡；当实际发动机速度超过该挡位发动机速度下限时，往下换 1 挡。

经济驾驶者：当实际发动机速度超过该挡位发动机速度上限时，往上换挡（可换 2 挡）；当实际发动机速度超过该挡位发动机速度下限时，往下换挡。

平均驾驶者：混合上述两种驾驶行为，使用连续 6 秒内最大动力需求计算快速驾驶者比例，见式（2-20）：

$$\text{fastdriver}(\%) = 100 \times (3.333\,3 \times P_{6\max} - 1.666\,7) \qquad (2\text{-}20)$$

式中，计算值小于 0 时，取 0；计算值大于 100 时，取 100。

排放图谱为油耗或排放与发动机动力、发动机速度的变化曲线图，标准化格式如下：

发动机速度：怠速为 0，额定速度为 100%。

发动机动力：0 千瓦为 0，额定动力为 100%。

油耗：g/h_额定功率。

排放值：g/h_额定功率（重型车）或 g/h（轻型车）。

瞬态修正函数：该函数为内插点与实际值的函数关系，仅用于重型车或稳态发动机图谱，见式（2-21）和式（2-22）：

$$m_E = m_{E,tm} + P_{\text{rated}} \times f_{\text{trans}} \qquad (2\text{-}21)$$

$$f_{\text{trans}} = a \times T_1 + b \times T_2 + c \times T_3 \qquad (2\text{-}22)$$

式中，m_E——污染物瞬态排放质量，g；

$m_{E,tm}$——污染物在排放图谱中内插点的排放质量，g；

P_{rated}——额定功率，kW；

f_{trans}——瞬态修正函数；

T_1，T_2，T_3——瞬态参数。

瞬态参数如下：

- ABSdn2s：连续 2 秒内标准发动机速度改变绝对值。
- Ampl3P3s：连续 3 秒内标准发动机动力改变绝对值的平均振幅。
- dP2s：最后 2 秒内标准发动机动力平均变化值。
- Dyn_P_{neg}3s：连续 3 秒内负平均发动机功率。
- Dyn_P_{pos}3s：连续 3 秒内正平均发动机功率。
- LW3P3s：负荷改变次数，当负荷改变值超过 $0.03 \times P/P_{额定}$时，计 1 次。
- P40sABS：40 秒内平均标态发动机动力。

2.2.4　CMEM 模型

CMEM 模型又称综合排放模式模型，由美国加利福尼亚大学河滨分校开发。该模型主要用于考察机动车操作变化情况下的排放情况。CMEM 模型是一个以物理的动力需求和对排放污染物进行参数化解析表示为基础的机动车排放模型。在这个模型中，排放过程被分割为不同的部分或模块，分别对应与机动车运行和排放物相关的物理现象，每个部分通过模型化得到包括各种能表征过程的参数解析式。这些参数由以下几种参数决定：机动车/技术类型、燃料配送系统、排放控制技术和车龄、机动车质量、发动机排量、空气动力曳力系数等。CMEM 模型主要用于研究不同机动车工作状态下的排放，其分类方法也与别的排放模型不同（表 2-9）。该模型的另一个独有特征为对后处理装置失效车排放的模拟，可用于预测逐秒的尾气排放和燃料消费，其缺点是需要输入大量的基础数据。

表 2-9　CMEM 机动车技术分类

分类	机动车技术分类
	正常排放的小客车
1	无催化剂
2	二效催化剂
3	三效催化剂，化油器车
4	三效催化剂，FI，>50 k miles，低的功率/重量比
5	三效催化剂，FI，>50 k miles，高的功率/重量比
6	三效催化剂，FI，<50 k miles，低的功率/重量比
7	三效催化剂，FI，<50 k miles，高的功率/重量比
8	Tier 1，>50 k miles，低的功率/重量比
9	Tier 1，>50 k miles，高的功率/重量比
10	Tier 1，<50 k miles，低的功率/重量比
11	Tier 1，<50 k miles，高的功率/重量比

分类	机动车技术分类
正常排放的卡车	
12	1979 年以前（≤8 500 GVW）
13	1979—1983（≤8 500 GVW）
14	1984—1987（≤8 500 GVW）
15	1988—1993（≤3 750 LVW）
16	1988—1993（>3 750 LVW）
17	Tier 1 LDT2/3（3 751～5 750 LVW）
18	Tier 1 LDT4（6 001～8 500 GVW，>5 750 LVW）
高排放机动车	
19	贫燃
20	富燃
21	失火
22	催化剂失效
23	极度富燃
阶段Ⅳ分类	
24	Tier 1，>100 k miles
25	较重汽油车轻卡（>8 500 GVW）
26	车载诊断系统（OBD）Ⅱ故障
27	较重柴油车轻卡（>8 500 GVW）

注：GVW——车辆总重量，磅；LVW——荷载质量，磅。

CMEM 模型由 6 个模块组成（图 2-5）：①发动机功率要求；②发动机转速；③燃料/空气比例；④燃料率；⑤发动机输出排放；⑥催化剂通过分数。总体来看，模型需要输入（图 2-5 中的圆角方框所示）操作变量和模型参数，输出是排气管排放和燃料消耗。该模型有 4 个运行条件（图 2-5 中的椭圆所示）：①多变的热浸时间启动；②理想空燃比运行；③富燃；④贫燃。热稳定机动车运行包括②～④状况；通过机动车功率要求与两个功率要求极限来比较，模型能够确定在给定时间内机动车运行的工况。例如，当机动车功率要求超出功率增大极限时，运行工况就从理想空燃转为富燃。从图 2-5 可以看出，运行工况对燃料/空气比例、发动机输出排放和催化剂通过分数有直接影响。发动机功率要求是由运行变量（A）和指定机动车参数（B）决定的。其他模块要求补充的机动车参数基于台架测试，而且由模型计算出发动机功率要求。理想空燃比（对于汽油，其理想空燃比约为 14.7）几乎只与功率有关，因此对①～④四种运行工况单独进行了模拟给出。CMEM 模型的核心是燃料率，它是发动机功率要求、发动机转速和燃料/空气比例的函数。发动机的转速是由机动车车速、齿轮变速时间和功率要求决定的。

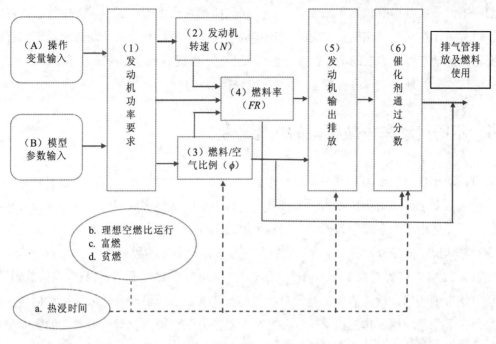

图 2-5 CMEM 模型结构

2.3 我国机动车排放模型的发展

从 20 世纪 90 年代开始，清华大学就结合我国机动车的排放实测结果和基础统计数据，利用 MOBILE 5 模型编制过北京、深圳、武汉、澳门等地的机动车排放清单。随后，又有研究使用 MOBILE 5、MOBILE 6、CMEM、IVE、EMFAC、COPERT 等模型计算过北京、上海、南京、武汉、香港等地的机动车排放因子和排放状况。总体来看，除香港地区对 EMFAC 模型进行有效利用外，由于我国机动车环保登记管理制度起步较晚，交通监测手段相对落后，早期的研究对我国机动车排放状况、车队构成、活动水平等模型计算的关键参数掌握不足，计算结果未得到广泛认可。在结合国际先进开发思路的基础上，中国环境科学研究院利用多年的中国机动车台架、道路实测结果和机动车活动水平调查数据开发了中国机动车污染排放的宏观测算模型（Chinese Vehicle Emission Model，CVEM），为生态环境部进行机动车污染状况分析与决策提供了工具支持。但国内进行移动源排放清单计算的空间单元仍较为宏观（如行政单元），机动车排放因子缺少对行驶工况的仔细刻画，活动状况仍采用静态保有量、年均行驶里程等宏观参数，排放清单测算结果的空间、时间分辨率精度不高，不能满足地方城市日益精细化管理的需求。目前，随着清华大学、中国环境科学研究院机动车污染状况研究的深入和 PEMS 等科研手段的有效利用，排放数据的积累不断完善，目前研究的重点已由宏观逐步转向中等、微观尺度，研究范围也从实验室向真实道路瞬态排放转变。本书拟开展基于动态交通流和行驶工况刻画机动车排放状况的清单技术方法开发研究，以提高机动车排放清单测算的时间、空间分辨率，为地方城市进行机动车环境管理打下基础。

2.4   不同机动车排放模型的对比分析

对机动车排放模型的文献调研和对比分析表明，基于平均速度法建立的宏观机动车排放模型主要考虑了新车技术水平，将具有大样本量的新车排放测试结果统计作为基本排放因子，适用平均速度作为机动车在实际道路上行驶的典型特征参数来表征机动车在实际行驶状况下的排放，然后综合考虑行驶里程对排放劣化的影响及环境温度、负荷率、燃油特征、I/M 制度等对机动车实际排放的影响，并进行系数修正，以得到综合排放因子。这种方法直观明确、较为简便，是最早出现的一代宏观层面机动车排放量估算模型。近年来，仅采用平均速度作为机动车行驶特征参数的方法，而弱化对其他参数的影响是否可以准确预测机动车排放成为国际上关注的焦点问题之一。另外，用以得到基本排放因子的法规工况与机动车在实际道路上的行驶工况往往差别也较大，法规工作测试结果是否可以作为体现机动车基本排放状况的基本排放因子也在持续研究关注中。尽管有诸多争论，但由于该类模型数据的输入参数较少、计算方便，在宏观层面机动车排放清单估算上具有较强的优势，故仍在广泛应用。

由于宏观机动车排放模型无法刻画动态过程的机动车排放特征，不太适用于建立基于动态过程的机动车排放估算，越来越不太适用于对机动车排放的精细刻画，以及环境管理对机动车排放精细化管理的需求。近年来，国内对几类数学关系类机动车排放模型又进行了深入研究。CMEM 模型需要利用具体车辆发动机的各种物理参数，更适用于对指定车队的动态排放刻画，不太适宜对道路上有不同车辆结构类型的机动车排放的刻画。HBEFA 模型则需要根据不同发动机的速度功率排放图确定排放因子，不但需要大量的试验以确定不同发动机在不同转速、负载下的排放因子，而且具体发动机信息在进行交通流车辆结构刻画时也难以获得，在现阶段还不太适用于我国动态机动车排放模型开发借鉴。IVE 模型和 MOVES 模型利用机动车的 VSP 分布作为机动车排放刻画的一个参数，IVE 模型利用发动机负荷（ES）作为机动车排放刻画的另一个参数，而 MOVES 模型则利用机动车的速度、加速度作为其排放刻画的另一个参数。在进行交通流中的机动车行为解析时，机动车的速度、加速度容易解析，而发动机的负荷则需要通过车辆的其他参数加以计算获取。二者相比，MOVES 模型更方便于对动态过程机动车排放特征的研究，其也成为生态环境管理部门进行不同尺度机动车排放清单开发的代表性模型。不同机动车排放模型的比较见表 2-10。

表 2-10   不同机动车排放模型的比较

	宏观		中观			微观		
	排放总量	宏观政策规划	交通政策评估	重点通道测算	科研支撑	单车排放	交叉口影响	运行线路选择
MOBILE	√	√	×	×	×	×	×	×
COPERT	√	√	×	×	×	×	×	×
EMFAC	√	√	×	×	×	×	×	×
HBEFA	√	√	√	×	×	√	×	×
CMEM	×	√	×	×	√	√	√	√
IVE	×	√	×	×	√	√	√	√
MOVES	√	√	√	√	√	√	√	√

2.5   机动车排放模型发展的启示

目前，国外机动车排放模型的研究发展已逐步由宏观测算模型转向中等、微观尺度的机动车排放模型开发，机动车排放清单开发已逐步由宏观静态机动车排放清单开发转向基于交通流和耦合行驶工况的机动车动态排放清单开发。各种机动车模型在排放测算、政策开发评估、微观排放测算等方面的适用性不同，能同时进行不同维度机动车排放测算的模型是机动车排放模型发展的方向。

2007—2009 年，在国际先进开发思路的基础上，中国环境科学研究院利用多年的中国机动车台架、道路实测结果和机动车活动水平调查数据开发了中国机动车污染排放的宏观测算模型，对生态环境主管部门进行机动车污染状况分析与决策提供了工具支撑。随着近年来我国相关管理部门对机动车排放精细化管控的需要，我国相关科研院所，如中国环境科学研究院、清华大学、北京交通大学、北京交通发展研究院也正在积极探索开发适用于我国机动车行驶工况特征、车辆类型和排放等级的机动车瞬态模型，以期能够在更高的时间、空间维度上细致刻画机动车的动态排放过程。

第3章 机动车尾气排放测算方法

机动车尾气排放测算方法主要包括交通量算法、保有量算法、燃油消耗量算法（表 3-1）。本书主要介绍基于交通量的机动车尾气排放测算方法。

表 3-1 机动车尾气排放测算方法

方法	活动水平需求	适用范围	时空分辨率	优缺点
保有量算法	保有量、年行驶里程	全国、区域城市	时空分辨率低，无法直接用于空气质量模拟	准确度较高，方法成熟，活动水平易获取，无法计算外地车、跨城市使用车排放
交通量算法	交通量、道路长度	全国、区域、城市、街道	时空分辨率高，可直接用于空气质量模拟	准确度最高、方法较为成熟、活动水平获取困难、蒸发排放准确度低
燃油消耗量算法	燃油消耗量	校核	时空分辨率低	准确度最低、活动水平最易获取

3.1 机动车源分级分类方法

在进行机动车尾气排放量测算的时候，首先需要确定的是机动车分类保有量或交通流量，依据不同分类方法得到的分类排放量测算结果也有所不同。我国公安交通管理部门根据车辆类型、使用性质、燃油种类及排放阶段将机动车分为四级（表 3-2）。其中，第一级根据车辆类型分为微型客车、小型客车、中型客车、大型客车、微型货车、轻型货车、中型货车、重型货车、三轮汽车、低速货车、普通摩托车、轻便摩托车；第二级根据使用性质分为出租车、公交车和其他车；第三级根据燃油种类分为汽油车、柴油车、燃气车等；第四级根据排放阶段分为国一车、国二车、国三车、国四车、国五车、国六车等。

表 3-2　机动车源分级分类体系

第一级分类	第二级分类	第三级分类	第四级分类
微型客车 小型客车 中型客车 大型客车 微型货车 轻型货车 中型货车 重型货车 三轮汽车 低速货车 普通摩托车 轻便摩托车	出租车 公交车 其他车	汽油车 柴油车 燃气车等	国一车 国二车 国三车 国四车 国五车 国六车

3.1.1　车辆类型及使用性质分类

1. 载客类汽车

载客类汽车（简称客车）指在设计和技术特性上主要用于载运人员的汽车，包括以载运人员为主要目的的专用汽车，分为微型、小型、中型、大型四类。

- 微型客车：车长≤3 500 mm 且发动机汽缸总排量≤1 000 mL。
- 小型客车：车长<6 000 mm 且乘坐人数≤9 人，但不包括微型客车。
- 中型客车：车长<6 000 mm 且乘坐人数为 10～19 人。
- 大型客车：车长≥6 000 mm 或乘坐人数≥20 人。

根据用途，我国载客类机动车还细分了出租车和公交车两类。与国外不同的是，我国未对旅游车、长途客车等进行细致分类。

- 出租车：以行驶里程和时间计费，将乘客运载至其指定地点的客车。
- 公交车：城市内专门从事公共交通客运的客车。

2. 载货类汽车

载货类汽车（简称货车）指设计和技术特性上主要用于载运货物或牵引挂车的汽车，包括以载运货物为主要目的的专用汽车，主要分为微型、轻型、中型和重型四类。

- 微型货车：车长≤3 500 mm 且总质量≤1 800 kg，但不包括三轮汽车和低速货车。
- 轻型货车：车长<6 000 mm 且总质量<4 500 kg，但不包括微型货车、三轮汽车和低速货车。
- 中型货车：车长≥6 000 mm 或总质量≥4 500 kg 且<12 000 kg，但不包括低速货车。
- 重型货车：总质量≥12 000 kg。

此外，在分类机动车保有量和交通流调查时，还包括三轮汽车和低速货车等类型。三轮汽车是指以柴油机为动力，最大设计车速≤50 km/h、总质量≤2 000 kg、长≤4 600 mm、宽≤1 600 mm、高≤2 000 mm，具有三个车轮的货车。其中，采用方向盘转向、由传递轴传递动力、有驾驶室且驾驶人座椅后有物品放置空间的三轮汽车，总质量应≤3 000 kg、车长≤5 200 mm、宽≤1 800 mm、高≤2 200 mm。低速货车是指以柴油机为动力，最大设计车速<70 km/h、总质量≤4 500 kg、长≤6 000 mm、宽≤2 000 mm、高≤2 500 mm，具有 4 个车轮的货车，但目前我国公安交通管理部门在机动车类型统计中已将低速货车统一划入货车进行统计，不再单独统计。

3. 摩托车

摩托车是指由动力装置驱动的具有 2 个或 3 个车轮的道路车辆，但不包括整车整备质量超过 400 kg 的三轮车辆，最大设计车速、整车整备质量、外廓尺寸等指标符合有关国家标准的残疾人机动轮骑车，电驱动的最大设计车速≤20 km/h 且整车整备质量符合相关国家标准的两轮车辆。

- 普通摩托车：最大设计车速>50 km/h 或发动机汽缸总排量>50 mL。
- 轻便摩托车：最大设计车速≤50 km/h 且若使用发动机驱动，发动机汽缸总排量≤50 mL。

3.1.2　燃油种类分类

汽车所使用的燃料因性质不同，也会对车辆的排放造成不同程度的影响。对于客车来说，主要应考虑汽油类、柴油类和其他代用燃料类客车，但也有少量混合动力汽车。由于本书主要考虑的是机动车尾气污染物排放量的估算，故在测算时需将电动汽车、燃料电池车等排除在外。对于货车而言，主要分为汽油和柴油两类，但也有少量石油液化气、压缩天然气、液化天然气等燃料类型。目前随着我国碳达峰、碳中和等总体碳减排目标对交通领域的要求，氢燃料类货车也在逐渐示范和推广，但在污染物尾气排放量核算时，目前暂未考虑该类车的排放问题。

3.1.3　排放阶段分类

同一类型的汽车，由于采用的喷油技术、燃烧控制技术、排放后处理技术等的变化，排放水平也会不同。先进技术的普及可以极大地降低机动车污染物的排放水平。例如，电子燃油喷射+三元催化转化器（TWC）技术是化油器技术污染排放水平的 10%～20%。从 1999年开始，随着国家环境保护总局发布的《轻型汽车污染物排放标准》（GWPB 1—1999）的实施，我国城市机动车的结构发生了重大变化，采用电子燃油喷射技术（electronic fuel injection）和三元催化转化器装置（three-way catalytic converter）的低排放轻型汽车逐渐增加。同样地，随着排放标准的逐步加严，污染控制技术不断升级，机动车污染物排放率也不断降低。因此，基于交通流的城市道路机动车排放清单开发，在对机动车进行三级划分的基础上，还要依据车辆满足的排放标准确定车辆的排放等级，并划分出不同的排放阶段。

1. 国一车以前的车辆

- 达到 GB 14761.1—1993 标准限值要求的微、小型客车和微、轻型货车，或《轻型汽车污染物排放限值及测量方法（Ⅰ）》（GB 18352.1—2001，已废止）第一阶段限值要求实施前的微、小型客车和微、轻型货车；
- 达到 GB 14761.2—1993 标准限值要求的中、大型汽油客车和中、重型汽油货车，或《车用点燃式发动机及装用点燃式发动机汽车　排气污染物排放限值及测量方法》（GB 14762—2002，已废止）第一阶段限值要求实施前的中、大型汽油客车和中、重型汽油货车，或达到《车用压燃式发动机排气污染物排放限值及测量方法》（GB 17691—2001，已废止）第一阶段限值要求实施前的中、大型柴油和燃气客车及中、重型柴油货车；
- 达到《摩托车排气污染物排放标准》（GB 14621—1993，已废止）限值要求的普通、轻便摩托车，或达到《摩托车排气污染物排放限值及测量方法（工况法）》（GB 14622—2002，已废止）第一阶段限值要求的普通摩托车，或达到《轻便摩托车排气污染物排放限值及测量方法（工况法）》（GB 18176—2002，已废止）第一阶段限值要求的轻便摩托车；
- 达到《三轮汽车和低速货车用柴油机排气污染物排放限值及测量方法（中国Ⅰ、Ⅱ阶段）》（GB 19756—2005）第一阶段限值要求前的低速汽车。

随着近年来我国对环境空气质量的重视，国家陆续出台各种控制措施加强机动车的排放管理，国一车以前的车辆已基本被淘汰，路面上很少能看到此类车辆。

2. 国一车

- 达到 GB 18352.1—2001 第一阶段限值要求的微、小型客车和微、轻型货车；
- 达到 GB 14762—2002 第一阶段限值要求的中、大型汽油客车和中、重型汽油货车；
- 达到 GB 17691—2001 第一阶段限值要求的中、大型柴油和燃气客车及中、重型柴油货车；
- 达到 GB 14622—2002 第一阶段限值要求的普通摩托车；
- 达到 GB 18176—2002 第一阶段限值要求的轻便摩托车；
- 达到 GB 19756—2005 第一阶段限值要求的低速汽车。

3. 国二车

- 达到《轻型汽车污染物排放限值及测量方法（Ⅱ）》（GB 18352.2—2001，已废止）第二阶段限值要求的微、小型客车和微、轻型货车；

- 达到 GB 14762—2002 第二阶段限值要求的中、大型汽油客车和中、重型汽油货车；
- 达到 GB 17691—2001 第二阶段限值要求的中、大型柴油和燃气客车及中、重型柴油货车；
- 达到 GB 14622—2002 第二阶段限值要求的普通摩托车；
- 达到 GB 18176—2002 第二阶段限值要求的轻便摩托车；
- 达到 GB 19756—2005 第二阶段限值要求的低速汽车。

4. 国三车

- 达到《轻型汽车污染物排放限值及测量方法（中国Ⅲ、Ⅳ阶段）》（GB 18352.3—2005，已废止）第三阶段限值要求的微、小型客车和微、轻型货车；
- 达到《重型车用汽油发动机与汽车排气污染物排放限值及测量方法（中国Ⅲ、Ⅳ阶段）》（GB 14762—2008）第三阶段限值要求的中、大型汽油客车和中、重型汽油货车；
- 达到《车用压燃式、气体燃料点燃式发动机与汽车排气污染物排放限值及测量方法》（GB 17691—2005，已废止）第三阶段限值要求的中、大型柴油和燃气客车及中、重型柴油货车；
- 达到《摩托车污染物排放限值及测量方法（工况法，中国第Ⅲ阶段）》（GB 14622—2007，已废止）第三阶段限值要求的普通摩托车；
- 达到《轻便摩托车污染物排放限值及测量方法（工况法，中国第Ⅲ阶段）》（GB 18176—2007，已废止）第三阶段限值要求的轻便摩托车。

5. 国四车

- 达到 GB 18352.3—2005 第四阶段限值要求的微、小型客车和微、轻型货车；
- 达到 GB 14762—2008 第四阶段限值要求的中、大型汽油客车和中、重型汽油货车；
- 达到 GB 17691—2005 第四阶段限值要求的中、大型柴油和燃气客车及中、重型柴油货车。
- 达到《摩托车污染物排放限值及测量方法（中国第四阶段）》（GB 14622—2016）限值要求的普通摩托车；
- 达到《轻便摩托车污染物排放限值及测量方法（中国第四阶段）》（GB 18176—2016）限值要求的轻便摩托车。

6. 国五车

- 达到《轻型汽车污染物排放限值及测量方法（中国第五阶段）》（GB 18352.5—2013，已废止）第五阶段排放限值要求的微、小型客车和微、轻型货车；
- 达到 GB 17691—2005 第五阶段排放限值要求的中、大型柴油和燃气客车及中、重型柴油货车。

7. 国六车

- 达到《轻型汽车污染物排放限值及测量方法（中国第六阶段）》（GB 18352.6—2016）排放限值要求的微、小型客车和微、轻型货车；
- 达到《重型柴油车污染物排放限值及测量方法（中国第六阶段）》（GB 17691—2018）排放限值要求的中、大型柴油和燃气客车及中、重型柴油货车。

机动车的保有量、注册年代、所属地等数据可从当地生态环境部门（机动车年检数据库）或公安交通管理部门获得，也可通过走访大型停车场等实地调查获取。机动车排放阶段可优先根据车型判定，也可以按照全国及当地机动车排放标准的实施进度，根据车辆的登记注册日期判定（表 3-3）。

表 3-3　基于登记注册日期的机动车排放标准判定方法

机动车类型	燃料	国一前	国一	国二	国三	国四	国五
微、小型客车，微、轻型货车	汽油、燃气	2000 年 7 月 1 日前	2000 年 7 月 1 日至 2005 年 6 月 30 日	2005 年 7 月 1 日至 2008 年 6 月 30 日	2008 年 7 月 1 日至 2011 年 6 月 30 日	2011 年 7 月 1 日至 2017 年 12 月 31 日	2018 年 1 月 1 日起
微、小型客车，微、轻型货车	柴油	2000 年 7 月 1 日前	2000 年 7 月 1 日至 2005 年 6 月 30 日	2005 年 7 月 1 日至 2008 年 6 月 30 日	2008 年 7 月 1 日至 2015 年 6 月 30 日	2015 年 7 月 1 日至 2017 年 12 月 31 日	2018 年 1 月 1 日起
中、大型客车，中、重型货车	汽油	2003 年 7 月 1 日前	2003 年 7 月 1 日至 2004 年 8 月 31 日	2004 年 9 月 1 日至 2010 年 6 月 30 日	2010 年 7 月 1 日至 2013 年 6 月 30 日	2013 年 7 月 1 日起	—
中、大型客车，中、重型货车	柴油	2001 年 9 月 1 日前	2001 年 9 月 1 日至 2004 年 8 月 31 日	2004 年 9 月 1 日至 2007 年 12 月 31 日	2008 年 1 月 1 日至 2013 年 6 月 30 日	2013 年 7 月 1 日起	—
中、大型客车	燃气	2001 年 9 月 1 日前	2001 年 9 月 1 日至 2004 年 8 月 31 日	2004 年 9 月 1 日至 2007 年 12 月 31 日	2008 年 1 月 1 日至 2010 年 12 月 31 日	2011 年 1 月 1 日至 2012 年 12 月 31 日	2013 年 1 月 1 日起
低速货车、三轮汽车	柴油	2007 年 1 月 1 日前	2007 年 1 月 1 日至 2007 年 12 月 31 日	2008 年 1 月 1 日起	—	—	—
摩托车	汽油	普通摩托车为 2003 年 7 月 1 日前，轻便摩托车为 2004 月 1 月 1 日前	普通摩托车为 2003 年 7 月 1 日至 2004 年 12 月 31 日，轻便摩托车为 2004 年 1 月 1 日至 2005 年 12 月 31 日	普通摩托车为 2005 年 1 月 1 日至 2010 年 6 月 30 日，轻便摩托车为 2006 年 1 月 1 日至 2010 年 6 月 30 日	2010 年 7 月 1 日起	—	—

注：本表参考生态环境部发布的《道路机动车大气污染物排放清单编制技术指南（试行）》进行划分，因各地国六排放标准的实施时间不同，故未列入本表。

3.2 基于交通流的机动车排放量测算

3.2.1 测算方法

在进行基于交通流的机动车排放量测算时，需要基于不同路段按车辆类型、燃油种类、排放标准的机动车交通量、道路长度和排放因子三个因素，通过逐路段累加计算得到某一线源机动车在某一时段的动态排放总量，计算公式如下：

$$E = \sum_{i,j} T_{i,j} \times L_j \times EF_{i,j} \tag{3-1}$$

式中，i——车型；

j——道路类型；

T——交通量，辆/单位时间；

L——道路长度，km；

$EF_{i,j}$——i 车型 j 道路类型的动态排放因子，g/（km·辆）。

测算机动车动态排放量时应注意：①结合浮动车数据、交通模型反演、实际调查校核等，获取不同路段、不同车辆类型的道路交通量；②由最新的 ArcGIS 地图获取当地不同路段的道路信息及长度；③由排放测试、文献调研、物料衡算等获取机动车的基本排放因子，然后基于当地循环工况特征、温度、湿度、海拔、负载、燃料等条件对基本排放因子进行修正，得到综合排放因子；④将上述 3 个参数相乘得到机动车某一时刻的排放量。按照此方法重复测算即可得到某一地区、某一线源 24 小时的动态排放清单。其中，依据时间、空间分辨率的不同，需要的数据量也不同，但总体来看，该测算方法的数据量需求量大，需要后台数据库的支撑，一般需要利用计算机编程进行测算。

基于交通量算法的机动车排放量核算技术路线如图 3-1 所示。

3.2.2 交通量获取

机动车交通量是指单位时间内通过道路上某一地点或者某一断面的机动车数，包括汽车、低速汽车和摩托车等，一般通过交通量调查得到。交通量调查是在一定时间、一定期间或连续期间内，对道路某一断面交通实体数的观测记录工作。交通量是描述交通流特性的最重要的参数之一。通过长期连续的观测或短期间隙和临时观测，收集交通量资料，可以了解交通量在时间、空间上的变化和分布规律，为交通规划、道路建设、交通控制与管理、生态环境管理等提供必要的数据。按交通类型可分为机动车交通量、非机动车交通量和行人交通量，一般不加说明则指机动车交通量和来往两个方向的车辆数。

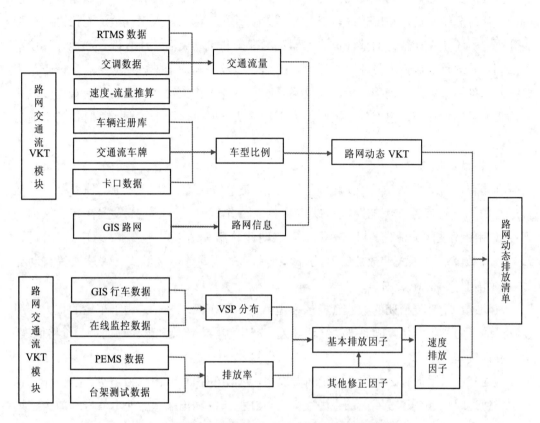

图 3-1　基于交通量算法的机动车排放量核算技术路线

注：VKT 即 Vehicle Kilometers of Trowel，指车辆行驶里程；RTMS 即 Remote Traffic Microwave Sensor，指远程交通微波雷达检测器；GIS 即 Geo-Information System，指地理信息系统。

若将交通量在一日中的小时变化绘成分布曲线，一般呈现出两个高峰值，一个出现在上午，另一个出现在下午。按照不同的调查目的，观测记录可分为连续式和间歇式。根据观测记录方法的不同，实际调查法可分为人工计数法和自动计数法。采用何种方法，主要取决于调查目的、所获得的设备、经济技术条件，以及要求的资料情况和技术情况等。

1．人工计数法

人工计数法目前在我国应用最广泛。只要有一个或几个调查人员即可在指定地点的路侧进行调查，组织工作简单，调配和变动地点灵活，使用的工具除计时器（手表或秒表）外，还需要手动（机械或电子）计数器和其他记录用的笔和纸，观测精度较高。人工计数法可以调查得到分车型交通量数据、某一车道或某方向上的交通量、交叉口流量和流向数据、非机动车和行人交通量等。人工计数法的优点是适用范围广泛，可适用于任何情况的交通量调查，如转向交通量调查、分车型交通量调查、行人交通量调查等，机动灵活，易于掌握，精度较高，资料整理方便。在理论上，人工计数法无论是在车型的分辨上，还是在计数方面都应该比仪器观测准确和机动灵活，而且调查的地点环境不受限制。其缺点是调查人员体力消耗大、工作环境较差，适于做短期的交通量调查，需要投入大量的人力，劳动强度大，天气不好时在室外工作比较辛苦，而且调查精度取决于调查人员的责任心、态度等。因此，人工计数法一般只适用于短期、临时性的交通量调查。

2．自动计数法

利用自动计数装置进行交通量调查，优点是节省人工、使用方便、种类繁多，适合进行长期、连续性观测的路段；缺点是难以区分车种、车型，若设置在在交叉口，则在观测中无法区分流向。目前，常用的自动计数器有光电式计数器、感应式计数器、超声波计数器、气压式计数器等。此外，还有红外线式、电接触式、雷达式等自动计数仪，均可连续记录交通量。

气动式：把充气密闭的橡胶管横放在道路上，当车辆通过时，由于车轮的重力作用使管内的压力产生变化，以此推动气动开关，产生信号。该检测器原理简单、价格低廉，但可靠性较差。

地磁式：采用带有磁棒的感应线圈做探头，埋设在路面下 10～20 m 处。当汽车从探头上方通过时，改变了线圈内的磁力线分布，在探头的输出端感应的电信号经放大整形后驱动计数器动作。这种检测器结构简单、性能可靠，适用于行车速度大于 5 km/h 的固定地点检测。

电磁式：探头采用高导磁率的磁性材料做磁心，外绕线圈作为激励回路，又作为信号输出回路。探头埋设于路面下，当车辆通过时，由于外磁场的作用激励电流出现正、负半周的振幅差，然后将这一差值送入电路处理后得到车辆通过的信号。该检测器的特点是探头体积小巧、灵敏度高，不受车速限制，但电路较为复杂。

微波式：其基本原理为由探头向路面发射超声波，在一定的时间周期内，通过鉴别其反射波的有无达到感知车辆的目的。其特点是探头架设在车道上方，不需要破坏路面，灵敏度高、稳定性好，但成本较高且不易排除行人的干扰。

红外线式：又分为主动式检测和被动式检测两种类型。其中，被动式检测通过测量车辆本身发出的红外线达到检测的目的。该检测器对设置的环境条件及安装工艺要求较高。

3．录像法

目前，常利用录像机（摄像机、电影摄影机或照相机）作为高级的便携式记录设备，通过一定时间的连续图像给出时间间隔或实际上连续的交通流详细资料。在工作时要求有专门的设备，并升高到工作位置（或合适的建筑物高度），以便能观测到所需的范围，将摄制的录像（影片或相片）重新放映或显示出来，按照一定的时间间隔以人工来统计交通量。利用这种方法收集交通量或其他资料数据的优点是现场人员较少，资料可长期反复应用，也比较直观；缺点是费用比较高，整理资料花费的人工多。

对于交叉口交通状况的调查，往往采用录像法（或摄像法）。通常将摄像机（或摄影机或时距照相机）安装在交叉口附近的某制高点上，镜头对准交叉口，按一定的时间间隔（如 30 秒、45 秒或 60 秒）自动拍摄一次或连续摄像（摄影）。根据不同时间间隔情况下每一辆车在交叉口内位置的变化情况，数出不同流向的交通量。这种方法的优点是能够获取一组连续时间序列的画面，只要适当选择摄影的间隔时间，就可以得到最完整的交通资料，对于如自行车和行人的交通量、分车种和分流向的机动车交通量、车辆通过交叉口的速度及延误时间损失、车头时距、信号配时、交通堵塞原因、各种行人与车辆冲突等情况，均能提供令人信服的证据，并且相关资料可以长期保存。其缺点是费用大，内业资料整理的工作量大，需要做大量图（像）上的量距和计算，并且在有繁密树木或其他遮挡物时，调查比较困难或会引起较大误差。

4．浮动车法

浮动车法是英国运输与道路研究室的华德鲁勃（Wardrop）和查尔斯·沃斯（Charlesworth）于 1954 年提出的。该方法灵活、方便，可根据调查的数据资料同时计算出交通量、平均车速、平均运行时间等重要参数。

（1）测定方向上的交通量

$$q_c = \frac{X_a + Y_c}{t_a + t_c} \tag{3-2}$$

式中，q_c——路段待测定方向上的交通量（单向），辆/单位时间；

$\quad X_a$——测试车按逆测定方向行驶时，对向行驶（顺测定方向）的来车数，辆；

$\quad Y_c$——测试车在待测定方向上行驶时，超越该车的车辆数减去被测试车超越的车辆数（相对测试车顺测定方向上的交通量），辆；

$\quad t_a$——测试车与待测定车流方向反向行驶时的行驶时间，h、min 或 s；

$\quad t_c$——测试车顺待测定车流方向行驶时的行驶时间，h、min 或 s。

（2）平均运行时间

$$\overline{t_c} = t_c - \frac{Y_c}{q_c} \tag{3-3}$$

式中，$\overline{t_c}$——测定路段的平均运行时间，h、min 或 s；

t_c——测试车辆的运行时间，h、min 或 s；

Y_c——测试车在待测定方向上行驶时，超越测试车的车辆数减去被测试车超越的车辆数（相对测试车顺测定方向上的交通量），辆；

q_c——路段待测定方向上的交通量（单向），辆。

（3）平均车速

$$\overline{v_c} = \frac{l}{\overline{t_c}} \times 60 \tag{3-4}$$

式中，$\overline{v_c}$——测定路段的平均车速（单向），km/h；

　　　l——观测路段长度，km；

　　　$\overline{t_c}$——测定路段的平均行程时间，min。

利用式（3-2）与式（3-3）计算时，X_a、Y_c、t_a、t_c 等一般都取其算术平均值。

5. 模型模拟法

通过以上方法观测到的交通流量，一般只是有限的路段或点，如果想模拟全路网上的交通流量，一般需要利用交通模型进行扩样模拟，以期得到需要路网上某一时刻各路段的交通流量。

模型预测法可采用速度-交通量模型，如 Van Aerde 模型。该模型运用的公式如下：

$$k = \frac{1}{c_1 + \dfrac{c_2}{u_f - u_s} + c_3 u_s} \tag{3-5}$$

$$c_1 = \frac{(2u_c - u_f)u_f}{k_j u_c^2} \tag{3-6}$$

$$c_2 = \frac{(u_f - u_c)^2 u_f}{k_j u_c^2} \tag{3-7}$$

$$c_3 = \frac{1}{q_c} - \frac{u_f}{k_j u_c^2} \tag{3-8}$$

式中，c_1、c_2、c_3——中间变量，量纲一；

　　　k——密度，辆/（km·条）；

　　　u_s——空间平均速度，m/s；

　　　u_f——自由流速度，m/s；

　　　u_c——临界速度，m/s；

q_c——通行能力，辆/（h·条）；

k_j——阻塞密度，辆/（km·条）。

Van Aerde 模型的基本形式可作如下简化：

$$q = -\frac{u_s}{c} \times \log\left(\frac{u_s}{u_f}\right)$$　　　　　（3-9）

式中，q——交通量，辆/（h·条）；

u_s——空间平均速度，m/s；

u_f——自由流速度，m/s；

c——常数系数，量纲一。

自由流速度可用相应道路等级速度数据的百分比位速度进行标定。其中，道路等级为 1（高速公路）时，按不同限速进行标定，限速≥80 km/h 时，每个限速都要单独进行标定；限速<80 km/h 时，按快速路标准进行计算。其他等级的道路不需要按限速进行分类，直接取相应的速度分位数即可。各等级道路的相应分位数见表 3-4。

表 3-4　各等级道路的相应分位数

道路等级	道路类型	限速/（km/h）	速度分位数/%
1	高速公路	120	95
		100	95
		80	95
		80 以下	94
2	快速路	—	94
3	主干路	—	78
4	次支路	—	80

对常数系数进行标定时，可利用对应不同等级道路各限速下的自由流速度进行系数标定。将各等级道路的自由流速度代入以上公式，设速度依次为 1～120 km/h（以 1 km/h 为间隔单位），任意定义一个系数，依次求出流量，最大流量为通行能力。通过调整系数可使通行能力达到规定值（表 3-5）。

表 3-5　通行能力规定值　　　　　　单位：辆/（h·条）

道路等级	超大城市	特大城市	大城市	中小城市
1	1 800	1 710	1 710	1 710
2	1 572	1 493	1 493	1 493
3	700	665	630	630
4	552	524	497	469

在交通流调查的基础上，在某些路段和时间段还需进行分车型排放等级的细致调查，以获取不同排放标准车辆在分类机动车流量在车型中的占比，以便进行机动车排放量的测算。排放标准等信息一般需要将获取的车牌号、车型号与后台机动车登记信息库进行信息比对，以获取排放标准等级。

3.2.3　道路长度获取

城市道路长度主要通过资料收集或实地调查获取。调查方法包括 GIS 测量法、GPS 测量法、地图比例尺测量法。调查时，可将城市道路划分为线源无障碍道路、线源有障碍道路和面源道路三种类型。在目标区域内，调查线源道路和每个网格中面源道路的实际长度与宽度。在调查线源道路长度时将车流量发生变化处设为节点，列表标明两个节点间的道路长度、节点坐标、线源道路起点和终点坐标。

当使用 GPS 等卫星数据时，如卫星定位数据间隔较长，则可能涉及各种方向、路径的转变，如直接通过将各点位连线计算里程可能会造成里程的低估；由于卫星定位设备自身的特性，数据可能存在漂移等情况；由于设备故障、信号干扰等原因，部分点位将发生缺失，如不补齐，里程的计算逻辑与链路将不完整，也会导致对里程的低估或车辆数据的缺少等。因此，在行驶里程信息获取时，若数据的精度不高，可使用路径匹配、经纬度计算法、速度计算法等进行行驶里程的估算。

3.3　交通流获取方法（以北京市为例）

3.3.1　轻、微型客车交通流获取

北京市全路网轻、微型客车（以下简称小客车）的交通流主要通过速度扩样模型及速度流量反推模型获取，具体流程如图 3-2 所示。首先，基于手机信令数据的先验 OD（交通起止点）算法，融合小时级 OD 和出行结构交调数据等，输出先验小汽车 OD；其次，进行路网分配，结合 VISUM 等宏观交通分配模型，输入先验小汽车 OD 进行路网分

配；最后，进行交通流测试标定，结合 OD 反推原理，将路网分配结果与实际观测值进行对比校验，并调整先验小时 OD，输出最终的 OD，并分配路网流量。

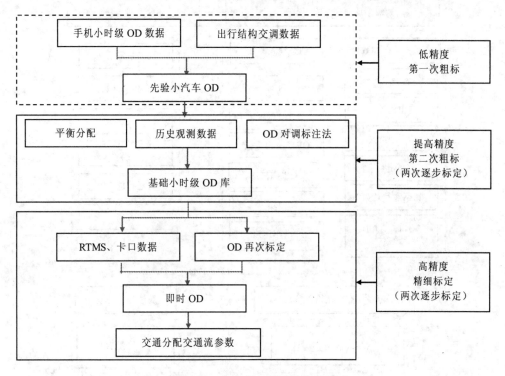

图 3-2　小客车交通流获取流程

1. 速度扩样模型

该模型利用手机信令数据、交调数据、RTMS 数据、浮动车 Link（路段）数据等得到的小客车行程-速度结果是路网小客车在 Link 上的速度值，但该结果并不能保证覆盖全路网 Link。速度扩样模型的目标是如何输出全路网小客车的速度数据，以作为速度流量反推模型的输入。

具体步骤：①基于手机信令数据、交调数据、RTMS 数据、浮动车 Link 数据，融合分析路网上不同日期（工作日、非工作日）的小时级路网速度；②进行速度-流量模型标定，即基于路网上的 Link 速度、通行能力，结合美国公路局（BPR）路阻函数模型，输出路网上不同日期（工作日、非工作日）的小时级社会车流量；③进行 Link 速度数据修正验证。

2. 速度-流量反推模型

该模型的目标是通过路网速度仿真出路网流量。模型输入包括静态与动态数据两类：静态数据为全路网速度数据、路网通行能力、车道数、自由流速度等参数，动态数据为时间、当前速度等参数。将静态数据、动态数据与路网 GIS 数据结合，即可利用交通流测算模型（如 Van Aerde 模型）仿真模拟路网上的流量数据。速度-流量反推模型的技术路线如图 3-3 所示。

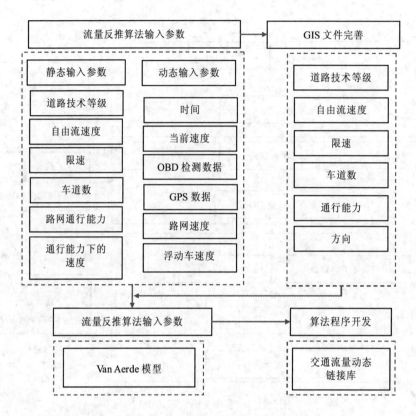

图 3-3   速度-流量反推模型获取全路网小客车交通流的技术路线

3．模型数据评估

在进行高分辨率、动态的全路网小客车交通流模拟时，由于输入的样本数据量比较大，需要进行数据质量评价、验证和校核等工作才能保证数据质量，以获取可靠的全路网小客车交通流模拟结果。数据的质量问题包括完整性（数据丢失、数据重复、数据延迟等）、可用性（识别性、匹配性等）、可靠性（一致性、时效性、逻辑性等）、准确性等。对数据的评价可参考表 3-6 中的指标体系，不同的应用条件可能有不同的准确性要求。

表 3-6   数据评价指标体系

编号	一级指标	二级指标
1	完整性	数据丢失率
		数据重复率
		数据延误率

编号	一级指标	二级指标
2	可用性	识别错误率
		匹配错误率
3	可靠性	一致性问题比例
		时效性问题比例
		逻辑性问题比例
4	准确性	核心参数误差

在流量校核时，可选择质量好、经过验证的道路速度数据，以速度曲线上下浮动 30%作为合理范围来验证其他数据，同时需要结合单个 Link 上检测到的样本量。样本量对于浮动车数据的准确性有较大的影响，样本量较小时速度具有偶然性，不能准确代表路段的速度。在做数据对比时，应注意样本量的影响。在城市外围的路段或者夜间经常出现样本量较小的数据，这是由社会车辆流量减少所致，此时不能盲目剔除数据，否则会造成数据缺失，影响对交通状态的描述。

4．基础数据情况

小客车交通流模拟所输入的基础数据包括手机信令数据、基于 Link 的浮动车数据、交调数据和交管局 RTMS 数据。

（1）手机信令数据

近年来，基于手机信令的个人出行 OD 提取技术已较为成熟，手机通过与附近基站之间的无线通信实现通信业务，一定数量的基站将构成位置区，在日常使用手机的过程中将产生可用于手机用户数据定位的信令数据。信令数据在手机用户进行接打电话、收发短信等通信业务时主动触发，若手机长时间未上报位置区信息，将被动触发周期性的位置更新信令数据，在用户处于待机状态跨越位置区时也将被动触发信令数据。在进行交通流测算时，首先，可融合小时级 OD 和出行结构交调数据输出先验小汽车 OD；其次，结合 VISUM 宏观交通分配软件，输入先验小汽车 OD 进行路网分配；再次，结合 OD 反推原理，将路网分配结果与实际观测值进行对比校验，并调整先验小时 OD；最后，输出最终的 OD 并分配路网流量。

（2）基于 Link 的浮动车数据

基于 Link 的浮动车数据，即基于 Link 的浮动车重车数据，包含 LinkID、时间、LinkID 相关道路信息、出租车交通流参数。

（3）交调数据

北京市交调数据的检测点位接近 1 300 个，通过微波、线圈等不同技术手段可实现流量采集，覆盖全市主要国道、市道和县道。根据 5 分钟一次的数据动态回传，可以识别大客车、中型货车、大货车、超大货车、小汽车等车型，准确度较高，部分流量点位具备轴载监测能力（93 个点）。该数据可分析指标为年度、月度、日度的货运车辆流量，可获取分辨率至 5 分钟的车辆流量波动系数，部分点位支撑实际路段车辆超载率分析。

（4）交管局 RTMS 数据

北京市 RTMS 数据的检测点位有 1 680 个，通过微波手段可实现流量和速度采集，覆盖全市主要高速路、主干路和快速路。根据 2 分钟一次的数据动态回传，可以汇总道路流量，实现主要路段总体车队流量演化分析。该数据可分析指标为年度、月度、日度的货运车辆流量，可获取分辨率至 2 分钟的车辆流量波动系数。

5. 模拟结果

将流量与交通指数进行联合分析可以得出 2017 年北京市小客车全路网流量。结果显示，小客车 24 小时流量具有明显的早晚高峰特性，这两个时段同样是交通指数较高的时段，尤其是晚高峰更为突出（图 3-4）。

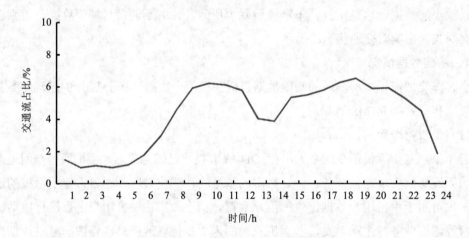

图 3-4　小汽车流量时间分布特征

3.3.2　出租车流量仿真模型

1. 出租车交通流参数获取方法

出租车交通流参数要先依据基于 Link 的浮动车数据获取出租车重车交通流参数，再根据浮动车 OD 数据分区分时计算重车占所有出租车的比例，同时根据浮动车数据获取路网上运行出租车的总数量，即可得到每个时段、每个区域的重车与所有出租车的数量比值，以此反算出租车的交通流参数。出租车交通流仿真模型建立技术路线如图 3-5 所示。

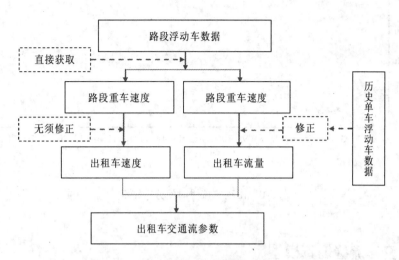

图 3-5 出租车交通流仿真模型建立技术路线

2. 数据基本情况

在本研究中，可获取的用于进行出租车交通流参数信息提取的基础数据包括基于 Link 的浮动车数据和浮动车 OD 数据两类。其中，基于 Link 的浮动车数据，即基于 Link 的浮动车重车数据，包含 LinkID、时间、LinkID 相关道路信息、出租车交通流参数；浮动车 OD 数据是根据浮动车数据处理得到的每个浮动车每次出行 OD 数据，包括出租车车牌号、每次出行 OD 的起止时间、每次出行 OD 的位置信息。

基于 Link 的浮动车数据和浮动车 OD 数据各有其优势和劣势，前者较为准确，可直接使用，缺点是只有重车数据；后者较为全面，但缺点是其没有与 Link 形成对应关系。鉴于两类数据的优缺点，当需要进行大范围路网的机动车动态排放情况估算时，可采用基于 Link 的浮动车数据进行出租车重车交通流参数的获取，且采用浮动车 OD 数据辅助进行所有出租车交通流参数的获取。

3. 模拟结果

通过提取工作日的数据并进行处理可以得到出租车工作日早高峰、晚高峰和平峰的出租车交通流时间分布特征（图 3-6）。从浮动车 24 小时流量分布曲线可以看出两个明显特点：①出租车在日间（6：00—22：00）的流量波动较小，没有特别明显的峰值；②出租车与其他交通方式（如公交车）相比，高峰没有重合于上午 7：00—9：00，反而有滞后的出行峰值（8：00—11：00）。

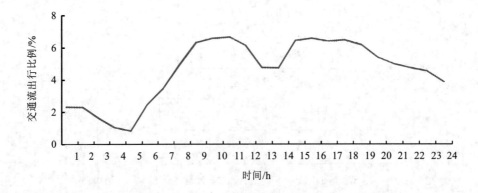

图 3-6　出租车流量时间分布特征

3.3.3　公交车流量仿真模型

1. 基于 GPS 数据的公交车交通流参数获取方法

GPS 数据纠偏：以常规公交 GPS 数据作为输入，经过数据清洗、纠偏等质量控制，可以输出质量较好的原始数据。

基于轨迹数据的路段匹配算法：结合北京市路网 GIS 图层，建立 GPS-Link 匹配算法，实现上下行精准分离。

基于 GPS 数据的公交车交通流参数获取技术路线如图 3-7 所示。

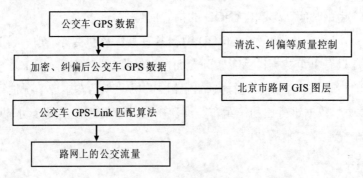

图 3-7　公交车交通流量参数获取技术路线

2. 数据基础

一般可获取的用于进行公交车交通流参数信息提取的基础数据包括公交 GPS 数据和路网 GIS 数据两类。其中，公交 GPS 数据是公交车将轨迹数据上传至相应平台的数据，主要包含 IC 卡唯一 ID、上下车刷卡时间、上下车刷卡线路编号和站点编号、登记车辆编号等；路网 GIS 数据指北京市 31 万个 Link 的地理信息系统文件，包含道路名称、道路类型、道路长度等关键字段。

3．模拟结果

通过提取工作日的数据并进行处理可以得到公交车工作日早高峰、晚高峰和平峰的趋势（图 3-8）。由于公交车的流量主要受公交车公司班次计划的影响，8：00—19：00 都处于平稳高峰期，5：00—7：00 和 19：00—22：00 则分别处于快速上升期和快速下降期。

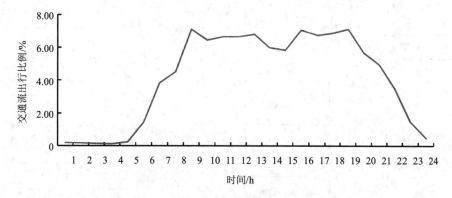

图 3-8　公交车流量时间分布趋势

3.3.4　货车流量仿真模型

1．交通流获取方法

货车交通流获取方法综合应用了北京市典型路段交调数据、高速公路收费数据、核查线调查数据、RTMS 城市快速路微波检测数据四大类流量数据，其中以高速公路收费数据为主要参考依据，结合典型路段调查数据、微波检测数据进行补充，并辅以核查线调查数据进行修正。该模型基于固定治超站数据、视频检测数据进行货车车队结构特征的提取，结合货车 GPS 轨迹和运单数据进行行驶路径的校核与验证。货车流量仿真模型框架如图 3-9 所示。

2．数据基础

可获取的用于进行货车交通流参数信息提取的基础数据包括固定治超站数据、RTMS数据、交调数据、高速流量数据、重型货车 GPS 数据等。

（1）交调数据

检测点位可通过微波、线圈等不同技术手段实现流量采集，覆盖全市主要国道、市道和县道。根据 5 分钟一次的数据动态回传，可以识别大客车、中型货车、大货车、超大货车、小汽车等车型，准确度较高，部分流量点位具备轴载监测能力（93 个点）。该数据可分析指标为年度、月度、日度的货运车辆流量，获取分辨率至 5 分钟的车辆流量波动系数，部分点位支撑实际路段车辆超载率分析。

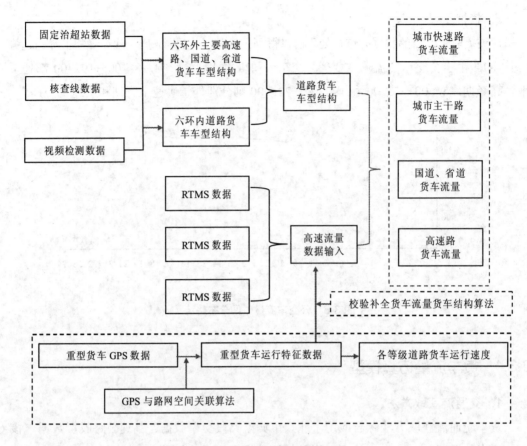

图 3-9　货车流量仿真模型框架

（2）固定治超站数据

固定治超站可实现车辆牌照采集。数据信息较为全面，有持续稳定的数据源，可支撑车辆车籍、实际运量等数据分析，可基本全面支持超载管理需求。该数据可分析指标为年度、月度、日度的货运车籍结构，可结合环保数据库分析车辆排放结构，可估算全市货运量数据。

（3）高速流量数据

该数据可覆盖城市所有高速（含内部高速），依托收费次数实现所有车型流量的日度统计。数据全面、准确，可实现主要道路日度波动系数分析，有效支撑各通道总体流量变化分析，可分析各道路总流量、政策影响下的交通量变化。

（4）重型货车 GPS 数据

该数据包含车辆车牌信息和定位信息，以及北京市重型车辆和每日进入北京市的重型货车，数据分辨力为 30 秒，精度较高；可支撑对照车辆环保信息库获取车辆排放结构，是分析进京货车流量、路线和时空分布的可靠手段。

3. 模拟结果

通过对某工作日的货车流量数据进行处理可得到全市域 24 小时流量趋势（图 3-10）。限于北京市货车限行政策，可以明显看出货车流量相对集中于夜间（0：00—6：00），日间的流量峰值相对较低。

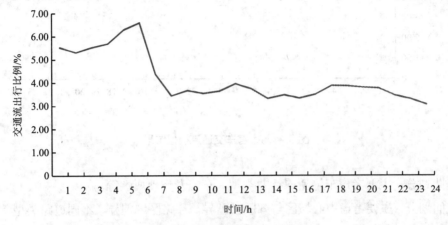

图 3-10　货车流量时间分布趋势

3.3.5　大客车流量仿真模型

本书所指的大客车流量是指旅游、省际等长途客运车辆，也包含一些营运类型的单位班车流量。大客车数据来源主要为"两客一危"GPS 监测数据，但限于 GPS 监测车辆较少且数据质量较差，本书最终选择用小客车流量、路网车队结构两类数据做数据输出，辅以 GPS 数据做小样本对照的方式来获取。

大客车交通流模拟结果如图 3-11 所示。研究表明，北京市省际长途客车、旅游车辆的出行高峰呈现明显的"双峰"形式，主要在 6：00 前后就逐渐攀升，到 10：00 前后达到高峰，在中午时段稍有下降，14：00—15：00 又迅速攀升，17：00—19：00 又达到另一个高峰，随后很快开始下降。

3.3.6　空间车队结构模型

1. 模型建立方法

北京市交通流空间结构调查主要为描述北京市路网各路段的车队结构。车队结构模型是交通流仿真模型与排放因子模型的耦合工具。其建立应充分考虑现行及规划研究政策，如针对非京籍车辆、货运车辆等的交通政策，以及排放标准、燃料类型、车重类型等环保政策等。该模型结合北京市不同交通行业的排放特征，对北京市道路车队结构进行了划分，设计原则如下：

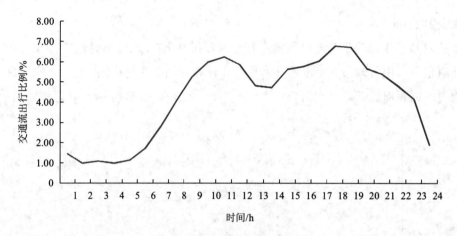

图 3-11　大客车交通流模拟结果

车队划分：主要考虑车辆所属行业类型、车籍及环保属性等。

空间划分：主要考虑中心城区与郊区县差异、环路区域差异、不同道路类型差异等。

时间划分：区分白天与夜间。

北京市交通流空间结构模型整体架构分为三个层次：基础数据层、数据扩样层及输出结果层，模型架构思路如图 3-12 所示。

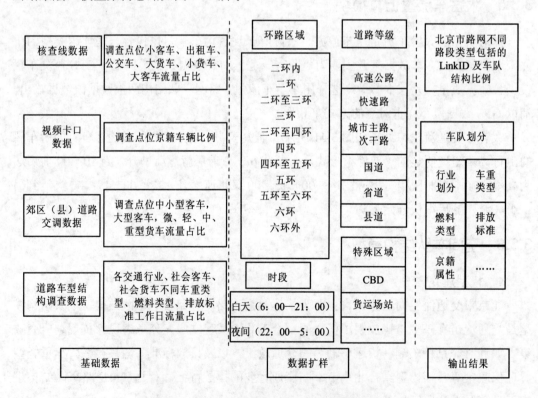

图 3-12　北京市交通流空间结构模型框架思路

2. 数据基础

（1）核查线数据

核查线数据包括调查点位共计 428 个，主要分布于主要环路。每个点位包括小客车、出租车、公交车、大货车、小货车、大客车 6 种车型的流量占比。该数据可用于求解不同行业属性的路段车辆结构比例。目前，由核查线数据初步求解了不同环路区域及道路等级的小客车、出租、公交车、大货车、小货车、大客车 6 种车型的流量占比。

（2）郊区（县）道路交调数据

郊区（县）道路交调数据包括调查点位共计 282 个，主要分布于市域范围内的各级公路，每个点位包括中小型客车、大型客车、微型货车、轻型货车、中型货车、重型货车的流量占比。该数据可用于求解不同行业属性的路段车辆结构比例。目前，根据郊区（县）道路交调数据初步求解中小型客车、大型客车、微型货车、轻型货车、中型货车、重型货车的流量占比。

（3）道路车型结构调查数据

道路车型结构调查数据主要分布于环路、进出京高速及主次干路，包括京籍与非京籍的省际客车、出租车、公交车、郊区客车、货车、租赁车、旅游车、社会客车、社会货车的不同车重类型、燃料类型、排放标准的工作日道路流量占比，选择调查点位时充分考虑客运站、货运站等设施对路段车辆结构的影响。该数据可用于求解不同环保属性的路段车辆结构比例。

3. 结果分析

由图 3-13 和图 3-14 可以看出，高速公路和非高速公路整体上均是小客车占比最高，货车的占比在夜间和白天存在明显的差异性，夜间占比明显高于白天占比。相比较可以看出，高速公路的货车占比高于非高速公路的货车占比，非高速公路的出租车占比高于高速公路的出租车占比。

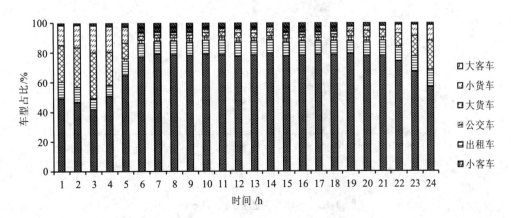

图 3-13　北京市高速公路的路网车型结构

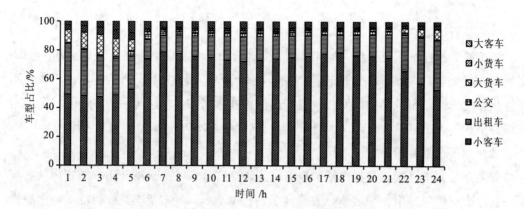

图 3-14   北京市非高速公路的路网车型结构

3.3.7   北京市 2017 年交通流 VKT 特征分析

本书对交通流量大小的刻画采用 VKT（单位：km）这一参数作为衡量交通出行量大小的指标。

1.   全年分交通方式 VKT 结果分析

通过查阅相关统计年鉴，2017 年北京市机动车总量为 590.9 万辆，社会小客车占比为 88.68%。交通流模型模拟测算结果初步显示，北京市 2017 年全年 5 种交通方式（社会小客车、货车、出租车、公交车和大客车）总的 VKT 达到 65 亿车·km 左右，其中社会小客车的 VKT 占比最高，达 80.27%，其余依次为货车、出租车、公交车、大客车（图 3-15）。

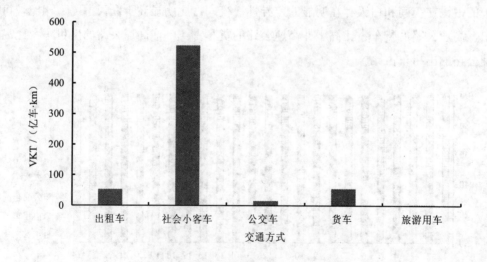

图 3-15   全年分交通方式 VKT 分布

2. 典型日 VKT 分析

通过选取北京市 2017 年在节日（"五一"劳动节、"十一"国庆节）、常规工作日、常规非工作日、重大活动日（如中非论坛等）和重污染天气（秋冬季）等不同的环境背景下机动车昼夜 24 小时的逐时交通流变化特征作为典型日进行 VKT 分析。根据各类型机动车的交通流调查数据,通过交通流模型可以得到各类型车在不同典型日的 VKT 总量。从图 3-16 可以看出,不同典型日中,常规工作日机动车的 VKT 总最大,其余依次是常规非工作日、重污染天气、节日、重大活动。其中,常规非工作日、节日、重污染天气的 VKT 差别不大,重大活动日的 VKT 比常规工作日的 VKT 约减少 30%,这表明常规工作日机动车的出行要高于其他几种环境。北京市重大活动日可能由于明显的限流作用,机动车的 VKT 明显偏小。

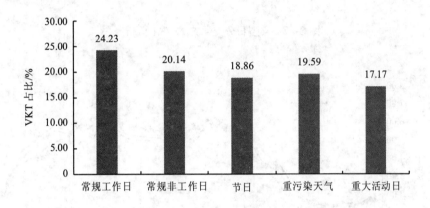

图 3-16　典型日 VKT 占比

3. 典型日分交通方式 VKT 分析

研究表明,不同车型在不同典型日的 VKT 分布具有一定的规律。各典型日中,VKT 占比最大的车型为社会小客车（9 座以下）,这与小客车的保有量最大相一致；VKT 占比最小的是大客车,其次（占比倒数第二）是公交车,货车和出租车的 VKT 占比居中,如图 3-17 所示。在各典型日,社会小客车的 VKT 占比最高,均为 80% 以上,显示了小客车排放为北京市机动车排放的重要来源之一。

4. 分时段 VKT 分析

从图 3-18 可以看出,分时段 VKT 曲线呈现马鞍型"双峰"曲线,早晚高峰时 VKT 均较高,12∶00—13∶00 为白天的 VKT 最低点。早晚高峰流量是一天当中最高的,VKT 亦为最高；中午为普遍意义上的吃饭、午休时段,流量降低,VKT 也降低。

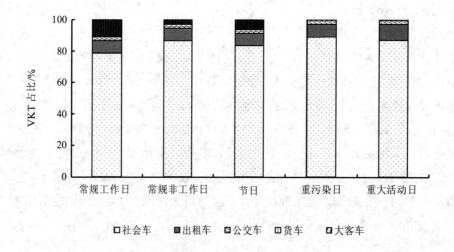

图 3-17   典型日分交通方式 VKT 分析

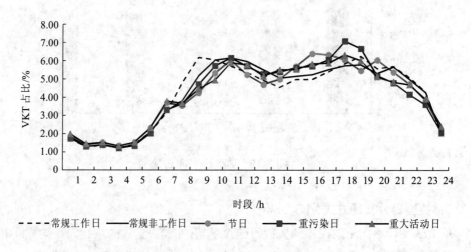

图 3-18   分时段 VKT 分析

各车型在一天中不同时段的 VKT 分布情况见图 3-19。北京市的货车在夜间流量高于白天，在凌晨 5：00 之后呈现下降趋势，早上 7：00 之后曲线较为平缓，这主要是由北京市对货车进城时间的管理规定决定的；货车 4：00—5：00 的小时 VKT 占比最大，占14.09%（夜间为 43.19%）。除了货车，其余交通方式在一天中 VKT 曲线均呈马鞍型"双峰"曲线，早晚高峰时 VKT 较高，公交车、大客车、社会小客车、出租车的早高峰（8：00—10：00）和晚高峰（17：00—19：00）占比分别约为 40.0%、36.3%、36.5%、32.3%，12：00—13：00 为白天 VKT 最低的时段。

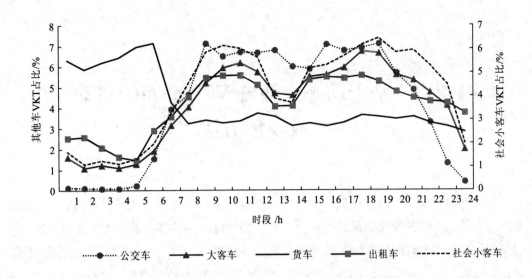

图 3-19　分时段、分交通方式的 VKT 分布

　　此外，五种不同车型在不同的天气模式下具有不同的 **VKT** 分布特点。以货车、社会小客车为例的空间交通流量分布研究显示，货车在常规工作日、常规非工作日的流量主要集中在五环至六环和几个主要国省道上；社会小客车在常规工作日、常规非工作日的流量主要集中在四环以内。北京市社会小客车的流量和人流量密切相关，四环包含东城区、西城区、海淀区、朝阳区、丰台区，聚集了大量的流动人口，故此区域出行的社会小客车占比较高。社会小客车在重污染天气除了集中在四环内，四环外的区域也有一定量的小客车行驶，这说明在天气条件恶劣的情况下，进出京的人流在一定程度上会选择自有小客车出行，以减少在搭乘公共交通工具时的暴露时间。

第 4 章　基于动态交通流 VSP 分布的机动车排放表征方法

国内外对机动车排放规律的研究表明，速度是影响机动车排放的关键因素，平均行驶速度不同，尤其是速度较低时，机动车的污染物排放往往存在着较大的差异。宏观模型采用的基于固定行驶周期的速度修正模式无法准确描述机动车在实际行驶道路上的微观行驶状态。为了表征机动车动态污染物排放过程，则需要将速度按较小的集成粒度（如较小时间、空间维度的短行程）进行聚集，建立不同行驶状况环境下（如不同道路类型）的微观平均速度，并在此基础上建立机动车的速度排放因子，以此来测算动态过程的机动车排放量。该方法与宏观模型相比可以更为准确、有效地估算机动车的排放量，其中的关键因素是建立速度排放因子。本章将利用美国 MOVES 模型中所涉及的 VSP 理论方法详细描述机动车速度排放因子的建立过程。

4.1　机动车速度排放因子计算方法

机动车基础排放因子（BEF）是基于一定行驶时间（行驶工况）内的 VSP 分布率和测试研究得到的各 VSP Bin 内的基础排放率积分除以该平均速度获得的不同速度下的排放因子值，其计算方法如下：

$$BEF = \frac{BER \times \delta}{V} \times 3\,600 \tag{4-1}$$

式中，BEF——某个平均速度的基础排放因子，g/km；

BER——不同 VSP Bin 下的基本排放率，g/s；

δ——不同道路类型、拥堵状况行驶工况下的 VSP Bin 百分比分布，%；

V——不同道路类型、拥堵状况行驶工况下的平均速度，km/h。

获得机动车短行程下的速度排放因子后，为了表征不同行驶里程、不同使用环境（环境温度、海拔、油品、是否冷启动）等对机动车排放的影响，还需要对速度排放因子进行修正，以表征机动车在不同使用环境下的实际排放，用排放因子 EF 表示，其计算方法如下：

$$EF = BEF \times CF \qquad\qquad (4\text{-}2)$$

式中，EF——机动车综合排放因子，g/km；

　　　BEF——基础排放因子，g/km；

　　　CF——排放修正因子，包括温度、海拔、空调、负载、燃料及劣化修正等。

机动车速度排放因子的技术路线如图 4-1 所示。

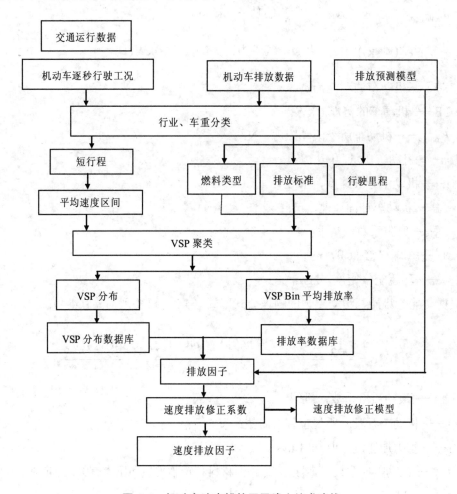

图 4-1　机动车速度排放因子建立技术路线

4.1.1　VSP 计算公式及区间划分

VSP 的概念最早由麻省理工学院的 Jiménez-Palacios 提出，其物理意义为机动车行驶时单位质量（包括自重）所输出的功率，单位为 kW/t。VSP 综合考虑了机动车发动机做功时动能、势能的变化，以及对车辆的滚动摩擦阻力和空气阻力的克服，其计算公式如下：

$$\text{VSP} = \frac{\dfrac{\mathrm{d}}{\mathrm{d}t}(\text{KE}+\text{PE}) + F_{\text{rolling}}v + \dfrac{1}{2}\rho_{\text{a}}C_{\text{D}}A(v+v_{\text{w}})^2 v}{m} \tag{4-3}$$

式中，$\dfrac{\mathrm{d}}{\mathrm{d}t}(\text{KE}+\text{PE})$——机动车的动能/势能变化所需的功率，kW；

$F_{\text{rolling}}v$——克服滚动阻力所需的功率，kW；

$\dfrac{1}{2}\rho_{\text{a}}C_{\text{D}}A(v+v_w)^2 v$——克服空气阻力所需的功率，kW；

KE——机动车的动能，kW；

PE——机动车的势能，kW；

F_{rolling}——机动车所受滚动阻力，N；

m——机动车质量，kg；

v——机动车行驶速度，m/s；

v_{w}——机动车迎面风速，m/s；

C_{D}——风阻系数，量纲一；

A——车辆横截面积，m²；

ρ_{a}——环境空气密度，kg/m³。

根据动能、势能、滚动阻力的物理公式，式（4-3）可变形为式（4-4）：

$$\text{VSP} = \frac{\dfrac{\mathrm{d}}{\mathrm{d}t}\left[\dfrac{1}{2}m(1+\varepsilon_i)v^2 + mgh\right] + C_{\text{R}}mgv + \dfrac{1}{2}\rho_{\text{a}}C_{\text{D}}A(v+v_{\text{w}})^2 v}{m} \tag{4-4}$$

式中，ε_i——滚动质量系数，量纲一；

h——机动车行驶时所处位置的海拔高度，m；

g——重力加速度，取 9.81 m/s²；

C_{R}——滚动阻尼系数，量纲一，与路面材料和轮胎类型和压力有关，一般在 0.008 5～

0.016；

式（4-4）以机动车速度和加速度为因变量，VSP 的计算公式如下：

$$\text{VSP}_t = \frac{Av_t + Bv_t^2 + Cv_t^3 + mv_t a_t}{f_{\text{scale}}} \tag{4-5}$$

式中，v_t——车辆在 t 时刻的瞬时速度，m/s；

a_t——车辆在 t 时刻的加速度，m/s²；

m——车辆与负载总质量，t；

A——车辆滚动阻力系数，kW-s/m；

B——轮胎旋转滚动阻力系数，kW-s²/m²；

C——车辆行驶空气阻力系数，kW-s³/m³；

f_{scale}——换算系数。

在计算轻型车的 VSP 时，主要是通过我国新车路试滚动阻力、旋转阻力、空气阻力等不同参数的测试，以及机动车在不同城市、不同道路上行驶工况调查得到相关参数，从而建立起不同类型轻型车的 VSP 分布特征。考虑到国内轻型车的国际化程度高、排放状况较好，很多研究参照 MOVES 分类方法，分为 23 个区间，其中，减速区间 1 个、怠速区间 1 个、滑行区间 2 个、加速区间 19 个（表 4-1）。

表 4-1　轻型车 VSP Bin 划分

操作模式	模态说明	比功率	速度/(km/h)	加速度/(m/s²)
0	减速	—	—	$a \leqslant -3.2$ 或者（$a_i \leqslant -1.6$ 且 $a_{i-1} \leqslant -1.6$ 且 $a_{i-2} \leqslant -1.6$）
1	怠速	—	$-1.6 \leqslant v < 1.6$	
11	滑行	VSP<0	$1.6 \leqslant v < 40$	
12	均速	$0 \leqslant$ VSP<3	$1.6 \leqslant v < 40$	
13	均速/加速	$3 \leqslant$ VSP<6	$1.6 \leqslant v < 40$	
14	均速/加速	$6 \leqslant$ VSP<9	$1.6 \leqslant v < 40$	
15	均速/加速	$9 \leqslant$ VSP<12	$1.6 \leqslant v < 40$	
16	均速/加速	VSP$\geqslant 12$	$1.6 \leqslant v < 40$	
21	滑行	VSP<0	$40 \leqslant v < 80$	
22	均速/加速	$0 \leqslant$ VSP<3	$40 \leqslant v < 80$	
23	均速/加速	$3 \leqslant$ VSP<6	$40 \leqslant v < 80$	
24	均速/加速	$6 \leqslant$ VSP<9	$40 \leqslant v < 80$	
25	均速/加速	$9 \leqslant$ VSP<12	$40 \leqslant v < 80$	
26	均速/加速	$12 \leqslant$ VSP<18	$40 \leqslant v < 80$	
27	均速/加速	$18 \leqslant$ VSP<24	$40 \leqslant v < 80$	
28	均速/加速	$24 \leqslant$ VSP<30	$40 \leqslant v < 80$	
29	均速/加速	VSP$\geqslant 30$	$40 \leqslant v < 80$	
31	均速/加速	VSP<6	VSP$\geqslant 80$	
32	均速/加速	$6 \leqslant$ VSP<12	VSP$\geqslant 80$	
33	均速/加速	$12 \leqslant$ VSP<18	VSP$\geqslant 80$	
34	均速/加速	$18 \leqslant$ VSP<24	VSP$\geqslant 80$	
35	均速/加速	$24 \leqslant$ VSP<30	VSP$\geqslant 80$	
36	均速/加速	VSP$\geqslant 30$	VSP$\geqslant 80$	

对于重型车，MOVES 模型中采用比例牵引功率（STP）代替 VSP 进行计算，STP 可按照常数缩放，以适应现有 MOVES 模型的运行模式定义。STP 的概率与 VSP 类似，但因 STP 未通过车辆质量标准化，因此是通过发动机工作情况（负载率），而不是车辆距离来确定的；同时，排放因子也并非直接与车辆质量正相关，而是与车辆的负载功率也有关系。为了表征重型车输出功率与排放因子的关系，引入了系数 f_{scale}。如能直接得到轮边输出功率（如通过实车运行 ECU 读取或重型车转鼓测试），则可采用式（4-6）进行计算：

$$VSP_t = \frac{P_{axle}}{f_{scale}} \tag{4-6}$$

式中，P_{axle}——轮边输出功率，kW；

$\quad\quad f_{scale}$——比例因子，量纲一。

当无法直接采用式（4-6）测算时，考虑到国内重型车和公交车大多为本土化品牌，其车辆质量、载重重量、排放状况、行驶工况与国际上同类车型存在明显差异，其 VSP 计算方法中，A、B、C 等系数的大小也与国外不同，故 VSP Bin 与国外有所差别。许多国内研究机构针对重型车的 VSP 进行了本地化研究，建立了不同的重型车 VSP Bin，如北京交通大学将重型车 VSP Bin 中的 3 个速度划分为[0, 50 km/h)、[50, 80 km/h)和[80, +∞ km/h)，对 VSP 的分区也比 MOVES 要更细致一些，最终将重型车划分为 29 个 VSP Bin（表 4-2）；将公交车的速度区间分为[0, 50 km/h)、[50, 80 km/h)和[80, +∞ km/h)，VSP Bin 也划分为 29 个（表 4-3）。

表 4-2　重型车 VSP Bin 划分

操作模式	模态说明	比功率	速度/（km/h）	加速度/（m/s²）
0	减速	—	—	$a \leqslant -0.9$
1	怠速	—	$-1.6 \leqslant v < 1.6$	
11	滑行	VSP<0	$1.6 \leqslant v < 50$	
12	均速	0≤VSP<1	$1.6 \leqslant v < 50$	
13	均速/加速	1≤VSP<2	$1.6 \leqslant v < 50$	
14	均速/加速	2≤VSP<3	$1.6 \leqslant v < 50$	
15	均速/加速	3≤VSP<4	$1.6 \leqslant v < 50$	$a > -0.9$
16	均速/加速	4≤VSP<5	$1.6 \leqslant v < 50$	
17	均速/加速	5≤VSP<6	$1.6 \leqslant v < 50$	
18	均速/加速	6≤VSP<9	$1.6 \leqslant v < 50$	
19	均速/加速	VSP≥9	$1.6 \leqslant v < 50$	
21	滑行	VSP<0	$50 \leqslant v < 80$	

操作模态	模态说明	比功率	速度/（km/h）	加速度/（m/s²）
22	均速	0≤VSP<1	50≤v<80	
23	均速/加速	1≤VSP<2	50≤v<80	
24	均速/加速	2≤VSP<3	50≤v<80	
25	均速/加速	3≤VSP<4	50≤v<80	
26	均速/加速	4≤VSP<5	50≤v<80	
27	均速/加速	5≤VSP<6	50≤v<80	
28	均速/加速	6≤VSP<9	50≤v<80	
29	均速/加速	VSP≥9	50≤v<80	
31	滑行	VSP<0	VSP≥80	a>−0.9
32	均速	0≤VSP<1	VSP≥80	
33	均速/加速	1≤VSP<2	VSP≥80	
34	均速/加速	2≤VSP<3	VSP≥80	
35	均速/加速	3≤VSP<4	VSP≥80	
36	均速/加速	4≤VSP<5	VSP≥80	
37	均速/加速	5≤VSP<6	VSP≥80	
38	均速/加速	6≤VSP<9	VSP≥80	
39	均速/加速	VSP≥9	VSP≥80	

表 4-3　公交车 VSP Bin 划分

操作模态	模态说明	比功率	速度/（km/h）	加速度/（m/s²）
0	减速	—	—	a≤−0.9
1	怠速	—	−1.6≤v<1.6	
11	滑行	VSP<0	1.6≤v<20	
12	均速	0≤VSP<1	1.6≤v<20	
13	均速/加速	1≤VSP<2	1.6≤v<20	
14	均速/加速	2≤VSP<3	1.6≤v<20	
15	均速/加速	3≤VSP<4	1.6≤v<20	
16	均速/加速	4≤VSP<5	1.6≤v<20	
17	均速/加速	5≤VSP<6	1.6≤v<20	
18	均速/加速	6≤VSP<9	1.6≤v<20	
19	均速/加速	VSP≥9	1.6≤v<20	a>−0.9
21	滑行	VSP<0	20≤v<50	
22	均速	0≤VSP<1	20≤v<50	
23	均速/加速	1≤VSP<2	20≤v<50	
24	均速/加速	2≤VSP<3	20≤v<50	
25	均速/加速	3≤VSP<4	20≤v<50	
26	均速/加速	4≤VSP<5	20≤v<50	

操作模式	模式说明	比功率	速度/（km/h）	加速度/（m/s²）
27	均速/加速	5≤VSP<6	20≤v<50	
28	均速/加速	6≤VSP<9	20≤v<50	
29	均速/加速	VSP≥9	20≤v<50	
31	滑行	VSP<0	VSP≥50	
32	均速	0≤VSP<1	VSP≥50	
33	均速/加速	1≤VSP<2	VSP≥50	
34	均速/加速	2≤VSP<3	VSP≥50	$a>-0.9$
35	均速/加速	3≤VSP<4	VSP≥50	
36	均速/加速	4≤VSP<5	VSP≥50	
37	均速/加速	5≤VSP<6	VSP≥50	
38	均速/加速	6≤VSP<9	VSP≥50	
39	均速/加速	VSP≥9	VSP≥50	

4.1.2 VSP 工况调查方法

车辆行驶工况又称车辆运转循环，是针对某一类型车辆（如公交车、出租车等）指定用于代表特定交通环境（如快速路、主干路等）下的行驶速度-时间历程。机动车的行驶工况数据是考察其特定环境下排放的重要依据。典型的机动车行驶工况数据应包括时间、速度、道路类型等字段。为保证数据准确、利于计算和分析，一般采集逐秒的行驶工况数据，经过 VSP 测得得到 VSP 的分布。所采用的设备有车辆本身自带的定位仪、手持式 GPS 仪（图 4-2）或跟踪调查等方法。行驶工况形式上表现为车辆的速度-时间曲线，以逐秒的形式表示。实际调查的车辆行驶工况是道路行驶工况调查所采集的数据，由记录仪每隔 1 秒自动记录一次速度数据，当出现断点和异常数据时可能需要对数据进行处理，此时应先将速度数据进行初步筛选，将其中的无效数据删除；当 GPS 遇到屏蔽时，缺失的数据利用 OBD 的速度数据进行补充，并且将不同记录仪记录的数据格式进行统一。

（a）智驾盒子　　　　　　　　　　　　　（b）手持式 GPS 仪

图 4-2 行驶工况数据采集记录仪

根据不同车型的运行特点，不同类型机动车的行驶工况测试方法略有不同（表 4-4）。除了调查城市道路行驶情况，还要根据车辆在不同类型道路上的行驶比例调查郊区道路和高速路的行驶情况。

表 4-4　工况测试方法

车型	工况类型	测试方法	测试时间	采集周期
轻型车	城区工况	划定区域随机跟车	工作日和非工作日，7：00—21：00（至少1天工作日0：00—24：00）	大城市7 d，中等城市3～4 d，小城市1～2 d
	郊区工况	设定路线正常行驶	7：00—19：00	0.5 d
	高速工况	设定路线正常行驶	7：00—19：00	0.5 d
重型车	卡车城区工况	记录卡车日常活动	工作日和非工作日，1 天	大城市7 d，中等城市3～4 d，小城市1～2 d
	卡车郊区省道、国道和高速工况	记录卡车日常活动	工作日和非工作日，1 天	大城市7 d，中等城市3～4 d，小城市1～2 d
	公交车工况	选定代表性公交路线	工作日和非工作日，7：00—21：00	大城市7 d，中等城市3～4 d，小城市不开展
低速货车	正常工况	记录车辆日常活动	7：00—19：00	1～2 d
摩托车	正常工况	设定路线正常行驶	7：00—21：00	7 d

行驶工况数据采集后，还需对数据质量进行审查，才能用于后续的处理和行驶工况等的构建。数据质量控制包括数据完整性、连续性、有效性评估和修正等，以下做简要介绍。

1. 数据完整性评估和修正

（1）完整工况数据字段及格式规范

典型的机动车行驶工况数据应包括时间、速度、道路类型等字段。为保证数据准确、利于计算和分析，建议采用逐秒的行驶工况数据。为了方便数据沟通、节约沟通成本，根据工况数据字段要求，制定了行驶工况数据格式规范。完整的行驶工况数据应至少包括以下字段：

①车辆类型

车辆类型决定了计算 VSP 所使用的参数。因此，车辆类型是工况数据的必需信息。车辆类型通常包括车型（如轻型车、大客车、货车）、行业（如出租、公交、社会车辆）、车重等信息。

②车牌或车辆编号

VSP 分布是基于一辆车的短行程计算的，短行程划分需保证同一辆车在同一种道路类型持续行驶一段时间，因此车牌或车辆编号也为必需信息。

③采集日期时间

采集日期时间信息用于判断速度数据的连续性。通常精确到 1 秒，采集间隔可以小于 1 秒。建议格式为 yyyy/mm/dd hh：mm：ss，即年/月/日 时/分/秒。

④速度

速度字段应不为空，且采集精度应精确到 0.1 km/h 或 0.1 m/s。

⑤道路类型

VSP 分布形态与道路类型有密切关系。不同道路类型的 VSP 分布应分别计算。道路类型字段不应为空且最好保持每次匹配算法一致。较完整的道路类型通常包括高速公路、快速路、快速路辅路、主干路、次干路、支路，至少应区分快速路、主干路、次支路三类。

⑥经纬度

经纬度信息主要用于匹配道路类型，但保留经纬度信息仍然非常重要，可用于判断数据质量、分析数据连续性等。

⑦其他字段

其他字段包括车辆服务状态、载重状态等。根据分析内容判断其他字段是否为必需字段。

（2）不完整工况数据处理方法

①空白字段赋值

因为采集过程中受各种因素的干扰，采集得到的行驶工况数据并不总具有完整的各字段数据，部分数据可能出现某个字段为空的情况。对于某个字段不存数据的条目，应赋空值，以免影响计算结果。具体来说，在采集数据的处理过程中，行业、车重类型、日期时间三个字段不会出现空值，其余字段均有可能出现空值，必须赋空值。

特别需要提到的是，原始数据的道路类型字段有较为严重的空缺情况。道路类型字段是由工况数据的道路 Link 信息在 GIS 软件中匹配得到的，由于 GPS 设备的误差、复杂的采集环境和 GIS 软件的固有缺陷，因此行驶工况的道路类型字段有相当多的空缺，都需要赋空值。

②时间缺口数据的补齐

受 GPS 设备精度的影响，采集得到的工况数据有时会出现"跳秒"的情况，即某一连续区间内出现 1 秒甚至几秒的数据时间缺口。这样的时间缺口，或者表现为此缺口数据的缺失，或者表现为数据速度字段的空白。为了改善工况数据的连续性，在处理这样的时间缺口数据时，对缺口为 1 秒的数据进行补齐，并根据前后条目速度的线性关系填充这 1 秒数据的速度字段。为了避免对原数据结果产生较大影响，不对时间缺口长度在 1 秒以上的数据补齐。

　　③道路类型字段的补齐

　　如前文所述，原始工况数据的道路类型字段有较多的空缺，为保证数据质量，必须尝试对数据的道路类型字段补齐。考虑到机动车的实际行驶状态，不太可能在较短时间内多次变更行驶道路类型，因此处理时以 10 秒为时间间隔，将不大于此时间间隔的道路类型字段连续空白的条目找出，如果这一连续空白区间的前后条目道路类型字段都非空且相同，则对这一连续空白区间赋予该道路类型。

　　2. 数据连续性评估和修正

　　机动车在道路上行驶的实际情况经常需要以区间平均速度为参数进行衡量，不同的道路类型对其区间平均速度有着不同程度的影响。因此，在得到各字段完整的行驶工况数据的基础上，为了获取可用的行驶工况数据，必须针对行驶工况数据的连续性进行相关处理。行驶工况数据的连续性是指其在时间区间内的逐秒连续性。

　　（1）工况数据逐秒连续性的判断

　　工况数据逐秒连续性包括时间连续性、道路类型连续性，最重要的是速度数据的连续性。判断时间连续性和道路类型连续性是为了判断速度数据的连续性，保证速度能够反映车辆逐秒的运行特性，合理划分短行程。时间连续性是指前后两个条目在时间上逐秒连续，不出现时间断裂；道路类型连续性是指前后两个条目具有相同的道路类型，道路类型连续性判断应在修正或补齐道路类型后进行。一般而言，具有连续时间和道路类型字段的数据其速度也是连续的。

　　当时间不能保证逐秒连续时，应利用 GIS 工具等做具体分析，判断速度是否连续。如果速度是连续且可用的值，则看作满足连续性条件，可用于划分短行程、计算平均行程速度和 VSP 分布。如果速度不可用，则不能进行 VSP 分布计算。

　　（2）平均速度区间的划分

　　为了得到工况数据的平均速度数据，在判断了逐秒连续性之后，要对工况数据划分平均速度区间。单位平均速度区间的长度是一个需要慎重确定的参数，过长或过短都不利于正确反映车辆的实际平均速度。当行驶的道路类型不同时，车辆有不同的行驶状态，不同道路类型的单位平均速度区间长度也自然不同，如车辆在快速路上行驶时，因为没有交通信号灯的影响，其单位平均速度区间长度应比其余道路类型短。一般来说，各道路类型的单位平均速度采集区间长度应如表 4-5 所示。

表 4-5　各道路类型的单位平均速度采集区间长度　　　　　　　　　　　单位：秒

道路类型	单位平均速度采集区间长度
快速路	60
主干路	180
次支路	180

对于实际数据中具体的时间连续性区间，如果其时间长度小于相应道路类型的单位平均速度区间长度，则这一时间连续区间内的工况数据将不再参与剩余步骤的计算，即只有长度大于单位平均速度区间长度的连续区间会被保留。这些筛选后区间的长度并不总是单位平均速度区间长度的整数倍（如快速路的每个时间连续区间长度并不总是 60 秒、120 秒、180 秒……），对于整数倍单位平均速度区间长度之外剩余的、不足一个单位平均速度区间的数据，应将其并入最后一个整数倍平均速度区间。

3. 数据有效性评估和修正

（1）速度有效性

速度的采集精度需满足一定的要求，应至少保留一位小数，单位可以为 km/h 或 m/s。速度有效性可以通过绘制瞬时速度分布图检验。有效的瞬时速度数据在每个区间的样本分布应比较均匀。如果精度未能达到要求，则速度分布可能会出现系统误差。速度精度不够的数据往往不能用于计算 VSP 分布。

（2）加速度有效性

受限于发动机的性能和车辆的交通环境，机动车的加速性能是有限的，采集的超过机动车加速性能的数据显然是需要筛除的数据杂点。如果加速度超出有效范围的比例太高，那么数据存在问题。

判断加速度异常数据的方法：计算所有数据的加速度（有连续的下一秒的数据），除去加速度为 0 m/s^2，正负加速度分别排序，并分别找到其 98 分位数。以此为限，筛除超过此限值的数据。

4. 典型工况构建和 VSP 分区建立

行驶工况需要进行适当的处理（如平滑处理和特征值处理）后才能用于进一步的 VSP 分布研究。从海量的实际车辆运行调查数据中解析和提取与总体样本特征近似的数据段，需要选用一些统计学特征值来完整描述行驶工况特征，如使用最大速度、运行距离、平均速度、行驶时间、怠速比例等。一般研究工况解析方法采用特征参数法，作为合成行驶工况的标准参数，从实际采集的数据中选出符合标准的一组数据段代表不同道路类型、不同车辆的在特定情况下的典型行驶工况。

工况研究涉及的特征参数的基本定义如下：

- 怠速模式：发动机正常工作，车速为 0 的行驶状态。

- 加速模式：加速度值为正，且大于 $0.1\ \mathrm{m/s^2}$ 的行驶状态。
- 减速模式：加速度值为负，且绝对值大于 $0.1\ \mathrm{m/s^2}$ 的行驶状态。
- 匀速模式：加速度的绝对值小于或等于 $0.1\ \mathrm{m/s^2}$ 的行驶状态。
- 平均速度：整个运行过程（包括怠速）的速度平均值。
- 平均行驶速度：行驶过程（不包括怠速）的速度平均值。
- 平均加速度：正加速度的平均值。
- 平均减速度：负加速度的平均值。
- 短行程：在速度-时间变化曲线上，以怠速模式开始，又以怠速模式结束的任何一段线段。

在考虑了特征参数间的关联因素和借鉴有关研究的基础上，典型工况的评价准则所采用的特征参数可参考表 4-6。

表 4-6　工况解析所采用的特征参数

序号	名称	代称
1	平均速度/（km/h）	V_1
2	不包括怠速的行驶平均速/（km/h）	V_2
3	所有加速模式的平均加速度/（m/s²）	A
4	所有减速模式的平均加速度/（m/s²）	D
5	怠速模式的时间百分比/%	P_i
6	加速模式的时间百分比/%	P_a
7	减速模式的时间百分比/%	P_d
8	匀速模式的时间百分比/%	P_c
9	最大速度/（km/h）	$V_{\max}$
10	单位时间短行程个数/个	N

在典型工况 VSP 分布选取时，还要进一步分析各行驶工况片段数据的速度-加速度概率分布，主要目的是考察各备选数据速度-加速度构成与总体数据速度-加速度构成的形态相似性。通过计算各备选数据速度-加速度概率分布与总体数据速度-加速度概率分布之间的差异（DIF 值），确定代表数据区间，DIF 值越小，说明两者概率分布之间的偏差就越小，工况的代表性也就越强。DIF 为备选数据与总体数据速度-加速度概率分布对应项之差的平方和，计算公式为

$$\mathrm{DIF}_{jk} = \sum_{i}(P_{ij} - P_{ik})^2 \tag{4-7}$$

式中，DIF_{jk}——备选数据速度-加速度分布与总体数据速度-加速度概率分布对应项之差的平方和；

P_{ij}——备选数据速度-加速度概率分布；

P_{ik}——总体数据速度-加速度概率分布；

i——备选数据速度-加速度分布与总体数据速度-加速度概率分布对应的第 i 项；

j——第 j 个备选数据速度-加速度概率分布；

k——总体数据速度-加速度概率分布中第 k 个数据。

4.1.3　VSP 工况数据结果分析

1. 速度分布

速度是车辆行驶过程中的基本物理量之一，宏观上反映了交通流的特征，微观上反映了车辆在道路上的行驶特点。速度作为计算车辆 VSP 的输入参数，对 VSP 分布具有直接影响。

由于不同车型的行业、行驶的主要道路类型和作业内容等存在差异，车辆类型成为速度分布的重要影响因素。图 4-3 为公交车和大型客车在不同道路类型上的速度分布，可以看出，大型客车高行驶速度的占比和平均行驶速度显著高于公交车，而公交车由于频繁停靠车站，怠速比例较高，速度小于 1 km/h 的占比高于大型客车。

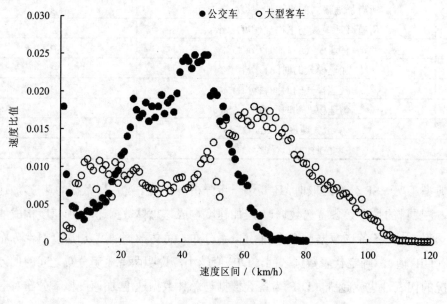

（a）快速路

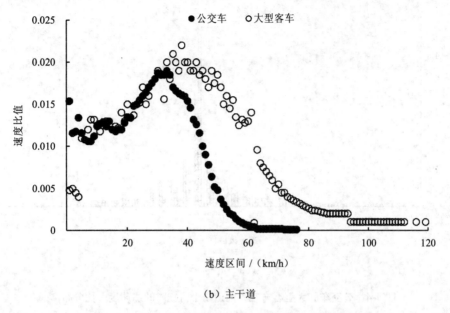

（b）主干道

图 4-3　公交车和大型客车在不同道路类型上的速度分布

2．加速度分布

加速度反映了车辆行驶状态的改变程度，通过加速度的大小可以衡量车辆行驶状态改变的剧烈程度。加速度作为计算车辆 VSP 的另一项重要输入参数，对 VSP 分布具有一定影响。图 4-4 为公交车和大型客车在不同道路上行驶时的加速度占比分布。

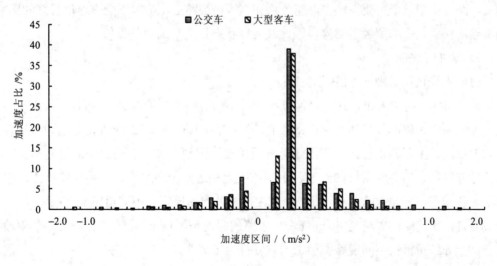

（a）快速路

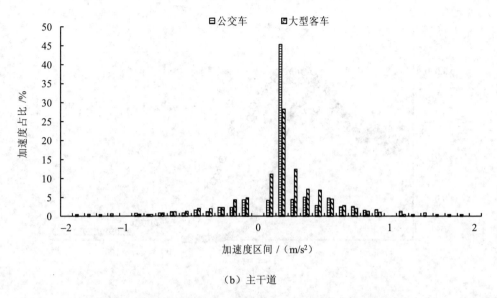

（b）主干道

图 4-4　公交车和大型客车在不同道路上行驶时的加速度占比分布

从图 4-4 中可以看出，大型客车的剧烈加减速明显较少，而公交车因为较频繁的停靠公交车站，加速度分布更离散。对轻型货车、中型货车和重型货车等不同类型货车的行驶工况加速度分析表明，不同类型的货车速度、加速度分布有所不同。相较于轻型和中型货车，重型货车的运行状态更稳定、加速度较小。一般来说，车重越大，车辆的惯性越大，加减速状态不易改变，因此车重更大的货车的加减速所需的时间更长，加速度偏低，而且重型货车主要行驶在高速公路和高等级公路上，基本不受交通信号灯的影响，加减速不频繁，不需要经常启停，因此其运行状态稳定，加速度偏低。

3. VSP 分布

（1）不同道路类型的 VSP 分布特征

从图 4-5 中可以看出，在每个速度区间，不同道路类型的 VSP 分布存在较大差异，主要表现为主干路峰值最高，快速路峰值最低；VSP Bin 在 0～2 kW/t 附近时，快速路的分布值最高，主干路最低。出现上述差异的主要原因是行驶在非快速路的机动车受交叉口信号灯控制，需要经常性的怠速，平均速度无法达到较高水平，与快速路相比，也较少出现急减速、急加速的情况。此外，产生上述差异的原因是不同道路类型的限速不同。一般而言，快速路的限速是 80 km/h，主干路的限速是 60 km/h，次干路与支路的限速更低，这会导致司机在不同道路类型上的驾驶行为出现差异。

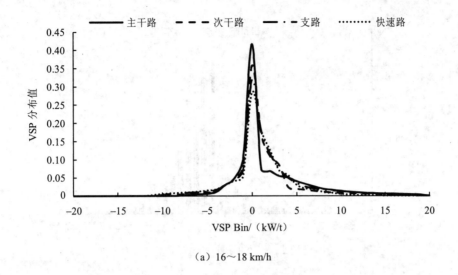

（a）16～18 km/h

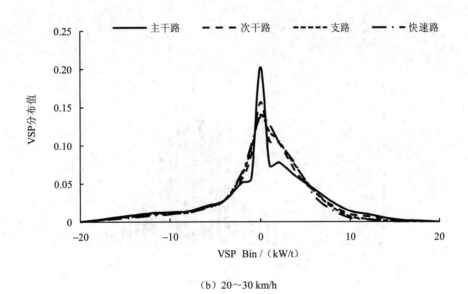

（b）20～30 km/h

图 4-5　出租车在不同道路类型上的 VSP 分布

（2）不同车辆类型的 VSP 分布特征

从图 4-6 中可以看出，在高功率区间（VSP Bin>0 kW/t），小型客车的 VSP 分布值（即每个 VSP Bin 对应的百分比）明显高于出租车，说明在相同的行驶条件下，出租车输出的功率更少，这显然与职业司机熟练的驾驶技术有关。

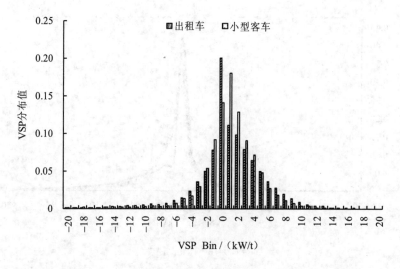

（a）28～30 km/h

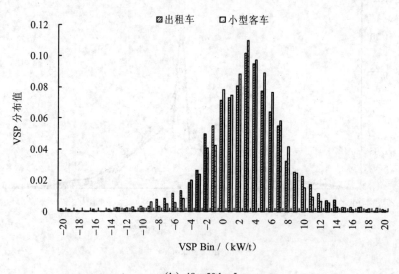

（b）48～50 km/h

图 4-6   出租车和小型客车在不同速度区间的 VSP 分布

从图 4-7 可以看出，公交车的 VSP 分布明显向右偏移，这主要是因为相较于大型客车，公交车的启停更多一些，对功率的需求更大，导致 VSP 的比例较高。

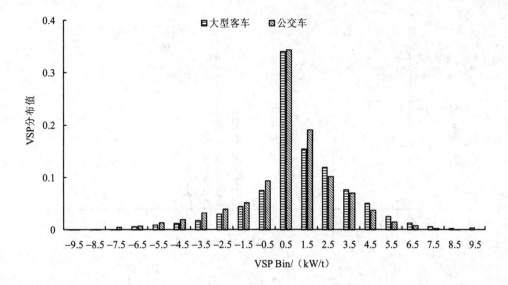

（a）主干路

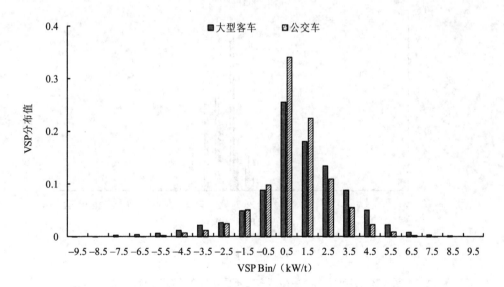

（b）快速路

图 4-7 大型客车和公交车在不同类型道路上行驶的 VSP 分布

图 4-8 为轻型货车和中型货车在 30～32 km/h 和 50～52 km/h 两个速度区间的 VSP 分布，可以看出，这两种车型的 VSP 分布有着一定的相似性，VSP 值主要集中在 VSP 为 0 的区间，VSP 分布比例可以达到 70%左右，随着平均速度的提升，VSP 分布的峰值向右移动。二者比较而言，中型货车的 VSP 分布集中在中间值，反映了轻型货车的行驶环境要比中型货车更为复杂。

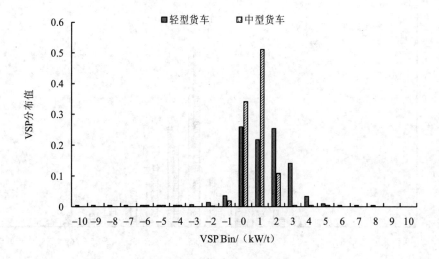

（a）30~32 km/h

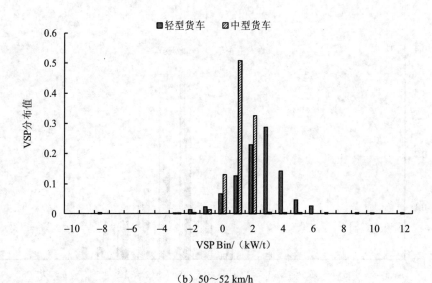

（b）50~52 km/h

图 4-8 轻型货车、中型货车在不同区间的 VSP 分布对比

图 4-9 为重型货车（12~16 t、22~28 t）的 VSP 分布。两种车辆的 VSP 分布主要呈现出两个特点：①随着速度的增加，VSP 分布的峰值降低；②随着速度的增加，VSP 分布的峰值右移。这主要是因为速度的增加带来了车辆输出功率的上升，使 VSP 分布更加均匀，也造成了 VSP 分布的峰值右移。对比两种重型货车的 VSP 分布可以发现，在相同的平均速度区间，22~28 t 重型货车的 VSP 分布峰值较 12~16 t 重型货车的 VSP 分布峰值右移更加明显，这说明在相同的平均速度下，质量更大的货车需要更大的输出功率来牵引车辆行驶。

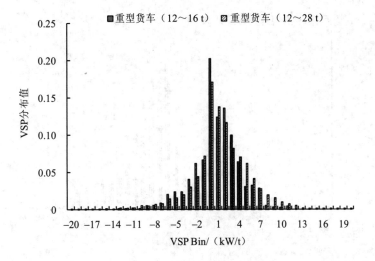

（a）30～32 km/h

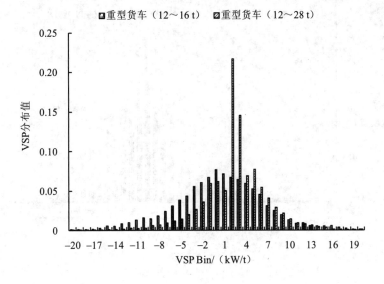

（b）50～52 km/h

图 4-9　重型货车（12～16 t、22～28 t）的 VSP 分布

重型货车（28～40 t、40 t 以上）的 VSP 分布研究也呈现出随速度的增大峰值下降且右移的特点，相较于轻型货车、中型货车和重型货车（12～16 t、22～28 t）的 VSP 分布，重型货车（28～40 t、40 t 以上）在各个平均速度区间内的 VSP 分布更加均匀，峰值也偏低，说明车辆需求功率的增加（图 4-10）。

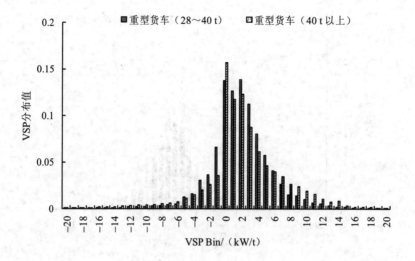

（a）30～32 km/h

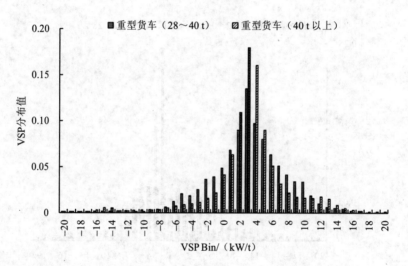

（b）50～52 km/h

图 4-10   重型货车（28～40 t、40 t 以上）的 VSP 分布

4.2   基于 VSP Bin 的排放速率库建设

　　各类车型基于 VSP Bin 的排放速率库建设需要大量的排放数据积累，主要通过对各种车型尾气排放的实际测算获取。机动车尾气排放的测量方法有实验室整车排放测试法、实验室发动机台架排放测试法、整车实际道路行驶 PEMS 排放测试法、跟车排放测试法、道路遥感检测法、机动车年检站简易工况检测法等，均可获取不同的排放数据。不同的

排放数据源往往需要仔细地甄别和验证其可靠性、代表性，才能将真实有效的数据源纳入基于 VSP Bin 的排放速率数据库统计中，也需要有相关的研究工作经验积累，笔者在此不做赘述。本节将简述几种代表性的机动车尾气污染物排放测试方法，感兴趣的读者可进一步参考相关标准方法要求和参考文献。

4.2.1　排放测试方法

1. 实验室整车排放测试法

实验室环境由于环境条件可控、行驶工况可复现、测试设备精度高、质量溯源有保证等优点，获取的数据往往较为可靠，是一种较为常见的排放数据获取方法，如在排放测试时可以严格限制试验室的环境温度（293～303 K）和绝对湿度（5.5～12.1 g/kg）。整车在这样的环境中至少放置 6 小时进行预置，然后开始测试不同状况下的整车排放。在整个过程中，对模拟加载负荷惯量的转毂和各种测试仪器的精度、标定、复检都有规范的流程。对排气的分析取样往往采用定容取样（CVS）的方法（图 4-11）。排放测试时用氢火焰离子法测定 HC，用不分光红外吸收法测定 CO，用化学发光法测定 NO_x，用颗粒滤纸收集法测量排放的颗粒总质量。这种方法的测试精度和重复性都较好，但所需仪器设备成本高、使用维护费用高，因此测试成本较高。目前，对轻型汽车（即最大总质量不超过 3 500 kg）和摩托车都采用整车排放认证测试的模式。对于重型车整车转毂测试来说，受其转毂要求、精度保证等因素的影响，运行、测试等成本更高，这方面的测试数据还较少。

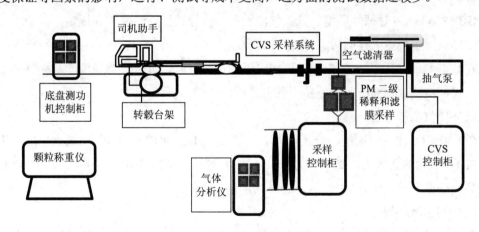

图 4-11　整车转毂台架测试系统

为了保证测量数据的可靠性，我国轻型汽车排放限值标准 GB 18352 对测量过程进行了如下规定：

实验室：环境温度要保持在 293～303 K，绝对湿度（H）应保持在 5.5～12.1 g/kg（水/干空气），整车在这样的环境中至少放置 6 小时。

实验车辆检查：车辆的机械状况检查良好，排气系统不得有任何泄漏，进气系统要求有一定的密封性，以保证混合气不会因外部的进气而受到影响；按照制造说明书的规定能够对发动机和车辆控制装置进行调整，尤其是怠速、冷启动装置及排气净化系统等。

底盘测功机：必须满足法规方法规定，其测量和读出的指示载荷准确度达到±5%，旋转部件的总惯量必须是已知的，且在试验惯量分级的±20 kg 范围内；利用转毂测量的车速准确度应为±1 km/h。

排气采用系统：利用定容取样（CVS）的方法对机动车排气进行取样，车辆连接取样系统后在测功机上通过运转循环测得的静压强变化在±1.25 kPa 内；把气体样气收集在取样袋中，必须保证 20 分钟后污染气体浓度的变化不超过±2%，取样系统引出气体量与测得气体量之间的最大允许偏差应小于 5%等。

风机风阻：风机出口面积至少为 0.2 m^2，低端离地面的距离约为 0.2 m，与车辆前端的距离约为 0.3 m；车辆在 10～50 km/h（最少）的工作范围内，风机出口的空气线速度应在转毂相应速度的±5 km/h 之内等。

工况运行时的车速：在运行工况曲线时，车辆加速、等速和用车辆制动器减速时的实际车速与理论车速允许公差为±2 km/h，时间公差为±1 秒；在工况改变时，车速公差可以大于规定值，但每次超过的时间不得大于 0.5 秒。

其他设备仪器的准确度：温度的准确度应为±1.5 K，大气压力的测量准确度应为±0.1 kPa，绝对湿度的测量准确度为±5%等。

GB 18352 通过对试验环境、试验仪器设备、运行过程等的要求和规定，保证了轻型车基本排放因子数据采样的可靠性。

在数据测量过程中，GB 18352 也规定了测试的方法、所用仪器的精度及样气的纯度等，以保证实测数据的准确性。整个测量过程的要求如下：

（1）样气测量方法

CO 和 CO_2 测量应选用不分光红外吸收法（NDIR）来测定；HC 用氢火焰离子化方法（FID）或加热式氢火焰离子化方法（HFID）测定；NO_x 用化学发光（CLA）或非扩散紫外线谐振吸收（NDUVR）测定；PM 用重量法测定。

（2）测试精度规定

不管何种气体，测量误差应不超过±2%，浓度小于 100 ppm 时，测量误差必须小于±2 ppm。环境空气样气的测量必须与相应的稀释排气样气使用同一分析仪及同一量程。对于 PM 的测量，所使用的微量天平应有 5 μg 的准确度并能清楚地读到 1 μg。

（3）标准样气纯度规定

在试验仪器标定和运行测试过程中所需的纯气体纯度规定如下：

- 纯氮气：纯度≤1 ppm C，≤1 ppm CO，≤400 ppm CO_2，≤0.1 ppm NO。

- 纯合成空气：纯度≤1 ppm C，≤1 ppm CO，≤400 ppm CO_2，≤0.1 ppm NO；氧含量在 18%～21%（*V/V*）。
- 纯氧气：纯度 O_2≥99.5%（*V/V*）。
- 纯氢气（及含氧的混合气体）：纯度≤1 ppm C，≤400 ppm CO_2。
- CO：纯度≥99.5%（*V/V*）。
- 丙烷：纯度≥99.5%（*V/V*）。

另外，用于标定和量距的气体还有 C_3H_6 和纯合成空气的混合气体、CO 和纯氮气的混合气体、CO_2 和纯氮气的混合气体、NO 和纯氮气的混合气体（在此标定气体中，NO_2 含量不超过 NO 含量的 5%）。标定气体的实际浓度必须在标称值的±2%以内。

（4）测量规定

样气分析不得迟于试验循环结束的 20 分钟后，把 PM 过滤器送到称重室的时间不得迟于试验结束后的 1 小时，并在 2～36 小时进行处理，然后称重。在分析每种样气之前，每种污染物所使用的分析仪量程都应采用合适的零气体进行校正。然后，用标称浓度为量程的 70%～100%的量距气体将分析仪调整至标定曲线。随后应重新检测分析仪的零点，如果读数与校正值之间的偏差大于该量程的 2%，应重复一遍。

（5）分析测量后校验

分析完毕后，应使用同样的气体重新检查零点和量距点。如果检查结果与标定值相比在 2%以内，则分析结果有效。

每一种污染物一般要进行 3 次测量，在所测得的 3 次结果中，允许有 1 次超过 GB 18352 规定的限值，但不得超过该限值的 1.1 倍。

（6）其他测量要求

在测量的各个环节，各种气体的流速和压力必须与使用标定分析仪时的流速和压力相同。所测得的每种气体污染物的浓度应为测量装置稳定之后读取的数据，对于压燃式发动机 HC 排放质量则应根据 HFID 读数积分算出，必要时对流量进行校正。

典型轻型车整车试验台架所使用的试验仪器见表 4-7。

表 4-7　轻型车整车试验台架所用试验仪器

设备名称	型号规格	制造商	主要功能及参数
环境仓	Test Chamber	AVL	内部尺寸：18 000 mm×8 000 mm×4 500 mm 热交换器下的高度：约 3 000 mm 绝热板厚度：100 mm 硬聚氨酯发泡 温度范围：–10～+40℃ 加热和制冷温度变化速度：平均 0.4 K/min

设备名称	型号规格	制造商	主要功能及参数
底盘测功机	4WD Emission CD	AVL	系统用于测试前轮和后轮驱动的车辆，测试车辆的最大轴荷为 4 500 kg，模拟车辆质量的范围为 450 kg（1 000 lbs）～5 400 kg（12 000 lbs），系统的操作控制方式有道路模拟方式、速度控制方式、作用力控制方式和加速度控制方式
排气采样系统	CVS i60	AVL	样气稀释（系统包括 4 个文氏管，流量分别为 3 m³/min、5 m³/min、9 m³/min、10 m³/min，这样就有 15 种不同的流量可供选择，分别为 3 m³/min、5 m³/min、8 m³/min、9 m³/min、10 m³/min、12 m³/min、13 m³/min、14 m³/min、15 m³/min、17 m³/min、18 m³/min、19 m³/min、22 m³/min、24 m³/min、27 m³/min）
排气分析系统	AMA i60	AVL	CO（不分光红外线分析法）、HC（氢火焰离子法）、NO$_x$（化学发光法）
颗粒采集系统	PSS i60	AVL	颗粒采样流量为 10～95 L/min，带有初级及次级滤纸，其外部直径为 47 mm、内部直径（污染直径）为 37 mm

　　根据我国轻型车排放法规 GB 18352 的要求，对于国五及之前排放阶段的轻型车，主要采用图 4-12 所示的工况进行排放测试和认证。该工况包括两部分：第一部分由 15 个工况构成，反映了汽车在市区内的行驶状况；第二部分则反映了车辆在市郊高速公路的行驶状况。

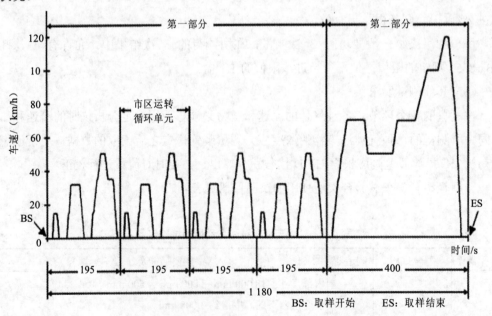

图 4-12　国五之前轻型车排放测试 I 型试验工况

国六阶段排放测试标准工况为全球轻型车统一测试循环（WLTC）工况，分为低速段（Low）、中速段（Medium）、高速段（High）和超高速段（Extra High）4 个部分，持续时间共 1 800 秒（图 4-13）。

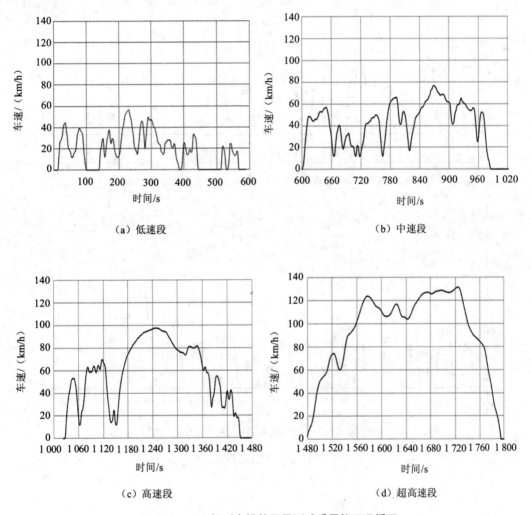

（a）低速段　　　　　　　　　　　　（b）中速段

（c）高速段　　　　　　　　　　　　（d）超高速段

图 4-13　国六轻型车排放因子测试采用的工况循环

根据标准要求，摩托车和轻便摩托车（排量为 50 mL 以下）采用不同的测试循环。对于普通摩托车，按照 GB 14622—2016 的规定，采用如图 4-14 所示的试验工况。对于轻便摩托车，按照 GB 18176—2016 的要求，排放认证采用如图 4-15 所示的试验工况。

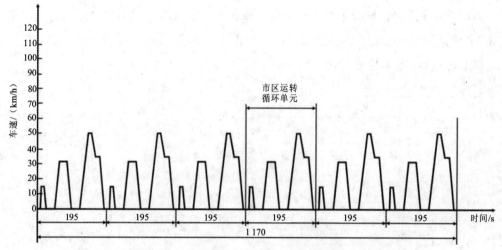

（a）三轮摩托车、发动机排量小于 150 mL 的两轮摩托车（UDC）

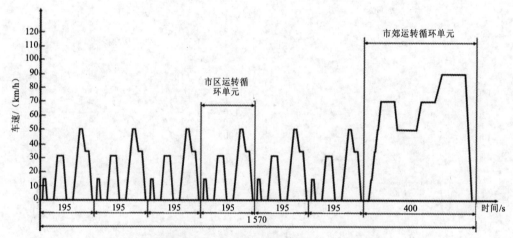

（b）发动机排量不小于 150 mL 的两轮摩托车（UDC+EUDC）

图 4-14　普通摩托车循环工况

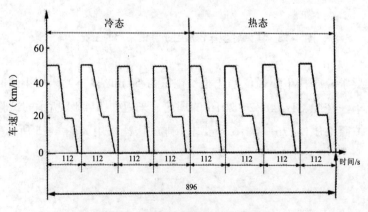

图 4-15　轻便摩托车试验运行循环

以上介绍的是轻型车、摩托车在排放认证时采用的循环工况，对于新生产车辆正式上市前都需要进行此类测试，因此相关部门积累了较多的数据。但由于法规规定的测试循环与实际道路行驶工况存在一定的差异，部分研究机构通过实际行驶工况采集和在实验室行驶工况复现的方法来测试轻型车的排放情况，此种方法对于排放数据的获取更加科学可靠，可用来构建基于 VSP 的排放数据库。

2. 实验室发动机台架排放测试法

根据排放标准的规定，重型车（最大总质量大于 3 500 kg）和低速货车采用实验室发动机台架排放测试的方法进行排放认证，利用发动机台架试验稳态工况法来测量发动机在各个工况点的排放情况，经过加权处理后，测量的结果为发动机机每千瓦时的排放量，即各种污染物的比排放量，单位为 g/（kW·h）。目前，我国法规中重型柴油车和低速货车采用发动机 13 工况测试循环、重型汽油车采用发动机 9 工况测试循环。GB 17691—2018 中规定的 WHSC 测试循环见表 4-8。

表 4-8 WHSC 测试循环

序号	转速规范值/%	扭矩规范值/%	工况时间/s
1	0	0	210
2	55	100	50
3	55	25	250
4	55	70	75
5	35	100	50
6	25	25	200
7	45	70	75
8	45	25	150
9	55	50	125
10	75	100	50
11	35	50	200
12	35	25	250
13	0	0	210
合计			1 895

但重型车发动机排放测试方法中，标准工况与整车实际道路行驶时的排放特征差距较大，不能直接用于建立排放因子和排放清单。随着排放标准的升级，重型发动机的排放测试工况也逐步从稳态循环向瞬态循环发展。图 4-16 为国四重型车 WHTC 测试循环，测试结果能更好地反映重型车在道路行驶状态下的排放状况。

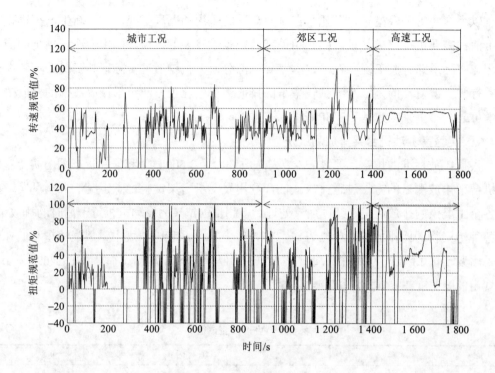

图 4-16　WHTC 测试循环

为了保证测试数据的真实可靠性，GB 17691 对测试过程和测试仪器设备做了以下规定：

实验环境：实验室发动机进口处的绝对温度（T_s）和干空气压（P_s）的乘积（F）应满足 $0.96 \leqslant F \leqslant 1.06$。计算公式如下：

$$F = (\frac{99}{P_s}) \times (\frac{T_s}{298})^{0.7} \qquad (4\text{-}8)$$

试验准备：准备取样滤纸，至少在 2 小时前将测量 PM 用的滤纸置于一个密闭但不密封的培养皿中，并放入称量室中进行稳定。如果滤纸从称重室取出后 1 小时没有使用，则在使用前必须重新称重；按照要求安装测试仪器和取药探头，必须根据排气流量和排气温度确定的最大热流量工况调节总流量，以保持紧靠 PM 滤纸前的稀释排气温度不高于 325 K；分析仪器预热至少 2 小时。

热机：启动发动机并热机直到所有温度和压力达到平衡状态，在实验循环的每工况中规定的转速应保持在 ±50 r/min 之内，规定的扭矩应保持在该试验转速下最大扭矩的 $\pm2\%$ 以内。燃料泵进口处的温度应为 $306 \sim 316$ K。

预实验：通过实验测定全负荷的扭矩曲线，用于检查被测发动机性能与制造厂的规定是否一致，在进行排放因子测试时的负荷与制造厂的规定值相比，最大净功率的差别不得大于 $\pm2\%$，最大净扭矩的差别不得大于 $\pm4\%$。

　　实验：实验开始后，应按照规定的工况号顺序进行排放测试，柴油机在每个工况运行 6 分钟，在 1 分钟内完成柴油机转速和负荷的工况转化。记录分析仪在整个 6 分钟内的响应，至少在最后 3 分钟内的排气要流过分析仪。对于分流稀释系统，每个工况的稀释比与排气流量的乘积必须在所有工况平均值的±7%以内；对于全流式稀释系统，总质量流量必须在所有工况平均值的±7%以内。

　　数据计算：实验完成后，记录通过滤纸的总取样质量，把滤纸放回称重室至少调节 2 小时，但不得超过 35 小时。为了计算记录纸上记录的气态排放物的读数，必须找出每个工况的最后 60 秒，并确定 CO、HC 和 NO_x 在这段时间内的平均读数，每个工况的 CO、HC 和 NO_x 浓度由记录纸上记录的平均读数和响应的标定数据来确定。

　　GB 17961—2001 中规定，进行重型柴油发动机排放实验时，所用到的测试仪器需满足以下精度要求，以保证测试数据的准确度。

　　一般规定：所用到的转速、转矩、燃油消耗量、空气消耗量、冷却液和润滑油温度、排气压力、进气阻力、排气温度、进气温度、大气压、湿度及燃油温度等的准确度必须满足《汽车用发动机净功率测试方法》（GB/T 17692—1999）中的规定；其他仪器的准确度必须满足排气温度测量准确度应为±5 K、其他温度测量准确度应为±1.5 K、绝对湿度的测量准确度应达到±5%。

　　发动机要求：排气系统压力保持在制造厂提供的使用说明书中规定的上限值的±1 000 Pa 内，进气系统阻力保持在制造厂提供的使用说明书中规定的上限值的±100 Pa 以内，测定排气流量的准确度应为±2.5%以内。

　　分析和取样设备：分析仪的准确度应为满量程的±2.5%或更高，对于小于 100 ppm 的浓度，测量误差不得超过±3 ppm。

　　气体标定：采用的标准气体应满足如下精度要求。

- 纯氮气：纯度≤1 ppm C，≤1 ppm CO，≤400 ppm CO_2，≤0.1 ppm NO。
- 纯合成空气：纯度≤1 ppm C，≤1 ppm CO，≤400 ppm CO，≤0.1 ppm NO；氧含量在 18%～21%（V/V）。
- 纯氧气：纯度 O_2≥99.5%（V/V）。
- 氢气混合气（40±2%氢气，氦气作为平衡气）：纯度≤1 ppm C，≤400 ppm CO_2。
- 丙烷：纯度≥99.5%（V/V）。

　　此外，用于标定和量距的气体还有 C_3H_6 和纯合成空气的混合气体、CO 和纯氮气的混合气体、NO 和纯氮气的混合气体（该标定中 NO_2 含量不得超过 NO 含量的 5%）。标定气体的实际浓度必须在标称值的±2%以内。标定和量距的气体也可通过气体分配器、用纯氮气或纯合成空气稀释后得到，但准确度必须可以确定到±2%以内。

实验仪器的响应要求：所用的测试气体及推荐的响应系数 R_t 应满足如下要求。

- 甲烷和纯合成空气：$1.00 \leqslant R_t \leqslant 1.15$。
- 丙烷和纯合成空气：$0.90 \leqslant R_t \leqslant 1.00$。
- 甲苯和纯合成空气：$0.90 \leqslant R_t \leqslant 1.00$。

另外，对于氧干扰进行检查，使用丙烷和氮气的响系数应满足 $0.95 \leqslant R_t \leqslant 1.05$。

即使使用 GB 17691 中规定的 WHTC 工况，台架方法仍然测试的是发动机排放数据，单位为 g/（kW·h），尝试建立中国重型车行驶工况与发动机法规瞬态测试循环之间的关系，这将对今后充分利用瞬态排放认证数据资源充实我国重型车排放因子具有重要意义。二者之间的关系必须建立发动机功率输出到汽车行驶轮边功率的换算，需要考虑以下几种阻力。

（1）汽车行驶阻力

当汽车在水平道路上等速行驶时，必须克服来自地面的滚动阻力（F_f）和来自空气的空气阻力（F_w）；当汽车在坡道上行驶时，还必须克服重力沿坡道的分力，即坡道阻力（F_i）。此外，汽车加速行驶时还需要克服加速阻力（F_j），因此汽车行驶时所受的总阻力为

$$\sum F = F_f + F_w + F_i + F_j \tag{4-9}$$

上述阻力中，滚动阻力和空气阻力是在任何条件行驶条件下都存在的，坡道阻力与加速阻力仅在特定行驶条件下出现。

①滚动阻力

车轮滚动时，轮胎与路面的接触区域产生法向、切向的相互作用力，导致相应的轮胎和支撑路面的变形。当轮胎在硬路面上滚动时，轮胎的变形是主要的，由于轮胎的内部摩擦会产生弹性迟滞损失，这种迟滞损失在车轮滚动时就表现为阻碍车轮滚动的一种阻力偶，图 4-17 是从动轮在硬路面滚动时的受力情况。

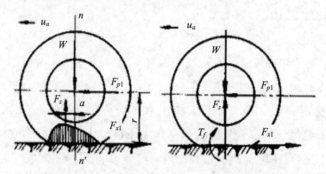

图 4-17　从动轮在硬路面滚动时的受力情况

由于轮胎的弹性迟滞现象，地面法向反作用力的分布前后并不对称，它们的合力（F_z）相对于车轮法线 $n-n'$ 相前移动了一个距离（a），合力（F_z）与法向载荷（W）大小相等，方向相反，由平衡条件可得：

$$F_{p1}r = F_z a \qquad\qquad (4\text{-}10)$$

若令 $f = a/r$，且有 $F_z = W$，F_{p1} 可以表示为：

$$F_{p1} = Wf \qquad\qquad (4\text{-}11)$$

式中，F_{p1}——使车轮等速滚动所加的水平推力，N；

$\quad\quad r$——车轮的滚动半径，m；

$\quad\quad f$——滚动阻力系数，量纲一。

②空气阻力

汽车直线行驶时受到的空气阻力在行驶方向上的分力称为空气阻力，分为压力阻力与摩擦阻力两部分。作用在汽车外表面上的法向压力的合力在行驶方向上的分力，称为压力阻力；摩擦阻力是由空气的黏性在车身表面产生的切向力的合力在行驶方向的分力。在汽车行驶的范围内，空气阻力的数值通常都总结成与气流相对速度的动压（$\rho u_r^2/2$）成正比的形式，即

$$F_w = \frac{C_D A \rho u_r^2}{2} \qquad\qquad (4\text{-}12)$$

式中，C_D——空气阻力系数，量纲一，一般应是雷诺数 R_e 的函数，在车速比较高、动压较高而相应气体黏性摩擦较小时，C_D 不随 R_e 而变化；

$\quad\quad \rho$——空气的密度，kg/m^3；

$\quad\quad A$——迎风面积，即汽车行驶方向的投影面积，m^2；

$\quad\quad u_r$——相对速度，即在无风时汽车的行驶速度，m/s。

③坡道阻力

当汽车上坡行驶时，汽车重力沿坡道的分力表现为汽车的坡道阻力，图 4-18 是汽车的坡度阻力示意图。

坡道阻力（F_i）用公式表示为

$$F_i = G\sin\alpha \qquad\qquad (4\text{-}13)$$

式中，G——汽车的重力，$G = mg$，N；

$\quad\quad m$——汽车质量，m；

$\quad\quad g$——重力加速度，m/s^2。

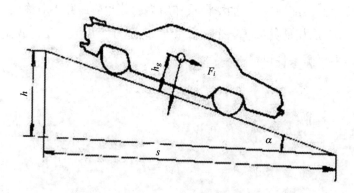

图 4-18　汽车的坡道阻力

道路坡度是以坡度与底长之比来表示的，即

$$i = \frac{h}{s} = \tan\alpha \qquad (4\text{-}14)$$

一般道路的坡度比较小，此时：

$$\sin\alpha = \tan\alpha = i \qquad (4\text{-}15)$$

$$F_i = G\sin\alpha \approx G\tan\alpha = Gi \qquad (4\text{-}16)$$

上坡时垂直于坡道路面的汽车重力分力为 $G\cos\alpha$ ，故汽车在坡道上行驶时的滚动阻力为

$$F_f = Gf\cos\alpha \qquad (4\text{-}17)$$

④加速阻力

汽车加速行驶时需要克服其质量加速运动时的惯性力，就是加速阻力（F_j）。汽车的质量分为平移质量和旋转质量两部分。加速时，不仅平移质量产生惯性力，旋转质量也要产生惯性力偶矩。为便于计算，一般把旋转质量的惯性力偶矩转化为平移质量的惯性力，对于固定传动比的汽车，常常以系数 δ 作为计入旋转质量力偶矩后的汽车旋转质量换算系数，因而汽车加速时的阻力可以写为

$$F_j = \delta m \frac{\mathrm{d}u}{\mathrm{d}t} \qquad (4\text{-}18)$$

式中，δ ——汽车旋转质量换算系数，$\delta > 1$；

　　　m ——汽车质量，kg；

　　　$\dfrac{\mathrm{d}u}{\mathrm{d}t}$ ——行驶加速度，m/s²。

δ 主要与飞轮的转动惯量、车轮的转动惯量及传动系的传动比有关。

$$\delta = 1 + \left(\sum I_w\right) \Big/ mr^2 + I_f i_g^2 i_0^2 \eta_T \Big/ mr^2 \qquad (4\text{-}19)$$

式中，I_w——车轮的转动惯量；

　　　I_f——飞轮的转动惯量；

　　　i_g——变速器传动比；

　　　i_0——主减速器传动比；

　　　η_T——传动系效率；

　　　r——车轮的滚动半径，m；

　　　m——车辆的质量，kg。

根据上面逐项分析的汽车行驶阻力，可以得到汽车行驶方程式为

$$F_t = F_f + F_w + F_i + F_j \qquad (4\text{-}20)$$

或

$$\frac{T_{tq} i_g i_0 \eta_T}{r} = Gf \cos\alpha + \frac{C_D A u_a^2}{21.15} + G\sin\alpha + \delta m \frac{\mathrm{d}u}{\mathrm{d}t} \qquad (4\text{-}21)$$

考虑到实际行驶中正常道路的坡度角不大，$\cos\alpha \approx 1$，$\sin\alpha \approx \tan\alpha$，故将上式写为

$$\frac{T_{tq} i_g i_0 \eta_T}{r} = Gf + \frac{C_D A u_a^2}{21.15} + Gi + \delta m \frac{\mathrm{d}u}{\mathrm{d}t} \qquad (4\text{-}22)$$

式中，T_{tq}——发动机的输出转矩，Nm；

　　　G——车重，$G = mg$，N；

　　　f——滚动阻力系数；

　　　C_D——空气阻力系数；

　　　A——车辆迎风面积，m^2；

　　　u_a——车辆行驶速度，km/h；

　　　i——道路坡度；

　　　δ——旋转质量换算系数；

　　　$\dfrac{\mathrm{d}u}{\mathrm{d}t}$——车辆的加速度，$\mathrm{m/s}^2$。

汽车在行驶过程中，根据车辆传动系统之间的机械传动关系可以推导出汽车发动机的转速与汽车行驶速度的关系：

$$u_a = \frac{0.377rn}{i_g}i_0 \qquad (4\text{-}23)$$

式中，n——发动机转速，r/min。

根据式（4-22）、式（4-23）可以看出，如果已知车辆的技术参数、车辆行驶的环境参数与车辆的实际行驶状况，就可以计算出车辆所搭载发动机各工况点的转速和转矩，这也是车辆行驶工况——发动机运行工况转换的主要依据。

（2）工况转换

工况转换可利用编程方式进行自动计算，计算过程如下：

一是数据输入。这部分由车辆参数、行驶的环境参数、车辆行驶工况构成。车辆参数包含车辆的总质量、各个挡位的变速比、主减速比、迎风面积、空气阻力系数等；环境参数包含道路的滚动阻力系数、坡度等；车辆行驶工况包括车辆行驶时的瞬时速度与瞬时加速度。在输入数据的基础上，利用 MATLAB 等编程，以式（4-13）、式（4-16）为计算依据将整车的行驶工况转换为发动机的运行工况，然后将计算所得的数据进行保存，并绘出发动机转速和扭矩随时间变化的工况曲线，为进一步的试验研究做好准备。

二是参数选择。式（4-20）、式（4-22）中所涉及的参数很多，这些参数的取值直接影响程序的计算精度。为了使程序的输出能更真实地反映汽车的实际行驶工况，对程序中各个参数的选择与计算就显得十分必要。变速器传动比（i_g）、主减速器传动比（i_0）都可以根据相应的设计参数得到。由于实际车辆的载重状况各不相同，要得到车辆的实际质量比较困难，因此车辆的质量（m）统一以车辆的整备质量加上 100 kg 的乘员质量，道路坡度（i）可以参考车辆行驶道路的平均坡度，在一般情况下可以认为是 0。其他参数所涉及的情况比较复杂，具体如下：

①车轮的滚动半径

车轮的滚动半径（r）与车轮无载时的自由半径、汽车静止时的静力半径不同，可以用车轮转动圈数与实际车轮滚动距离之间的关系来换算：

$$r_r = \frac{S}{2\pi n_w} \qquad (4\text{-}24)$$

式中，n_w——车轮转动的圈数，量纲一；

S——在转动 n_w 圈时车轮滚动的距离，m。

滚动半径一般由实验测得，表 4-9 为常见轮胎的滚动半径值。

表 4-9 常见轮胎的滚动半径

轮胎规格	滚动半径/m	轮胎规格	滚动半径/m	轮胎规格	滚动半径/m
4.50-12ULT	0.264	7.50-20	0.454	175R13LT	0.29
5.00-10ULT	0.25	8.25-20	0.472	185R14LT	0.318
5.00-12ULT	0.275	8.25R20	0.462	145/70R12	0.247
5.50-13LT	0.294	9.00-20	0.493	155/80R12	0.286
6.00-14LT	0.334	9.00R20	0.484	165/70R13	0.273
6.50-14LT	0.346	10.00-20	0.493	175/70R13	0.28
6.50-15LT	0.358	10.00R20	0.5	185/60R13	0.281
6.50R15LT	0.355	11.00-20	0.522	185/70R13	0.286
6.50-16LT	0.367	11.00R20	0.512	195/60R14	0.286
6.50R16LT	0.36	12.00-20	0.541	195/75R14	0.315
7.00-15LT	0.367	12.00R20	0.531	215/70R14	0.319
7.00-16LT	0.379	145R12LT	0.262	215/70R15	0.332
7.50-16LT	0.393	155R12LT	0.267	—	—
7.00-20	0.439	155R13LT	0.278	—	—

②传动系效率

传动系效率（η_T）为变速箱齿轮、传动轴、万向节、主减速器等的综合传动效率，一般可以表示为

$$\eta_T = \eta_s^k \eta_b^l \eta_u^m \tag{4-25}$$

式中，η_s——圆柱齿轮传动效率，0.98～0.985；

η_b——圆锥齿轮传动效率，0.975～0.98；

η_u——万向节传动效率，0.99；

k、l、m——整个传动系中圆柱齿轮、圆锥齿轮和万向节的个数。

③滚动阻力系数

滚动阻力系数（f）一般由试验决定。滚动阻力系数与路面的种类、行驶车速及轮胎的构造、材料、气压等有关，表 4-10 是某些路面上机动车以中低速行驶时的滚动阻力系数范围。

表 4-10 典型路面滚动阻力系数范围

路面类型		滚动阻力系数	路面类型	滚动阻力系数
良好沥青或混凝土路面		0.010～0.018	良好的卵石路面	0.025～0.030
一般沥青或混凝土路面		0.018～0.020	坑洼的卵石路面	0.035～0.050
碎石路面		0.020～0.025	干砂	0.100～0.300
压紧土路	干燥的	0.025～0.035	湿砂	0.060～0.150
	雨后的	0.050～0.150	结冰路面	0.015～0.030
泥泞土路		0.100～0.250	压紧的雪道	0.030～0.050

行驶车速对滚动阻力系数有很大影响，一般来说当车速达到某一数值时，滚动阻力会迅速增大，此时轮胎发生驻波现象，不仅滚动阻力增加，轮胎温度也会升高，严重时会发生危险。对于重型车辆来说，由于车速不高，滚动阻力系数与车速的关系接近直线，滚动阻力系数数值较小，受车速影响不会很大。研究表明，在良好道路上货车的滚动阻力系数与车速有如下关系：

$$f = 0.007\,6 + 0.000\,056u_a \qquad (4\text{-}26)$$

式中，u_a——车速，m/s。

在本书中，利用式（4-26）计算车辆的滚动阻力系数。

④空气阻力系数

空气阻力系数（C_D）与车身的前、后部形状，整车的外形，发动机冷却进风系统的布置等都有关系，而且汽车的阻力系数还随着车身的离地距离、俯仰角及侧向风的大小而变化。空气阻力系数一般由试验给出，表4-11是典型汽车的空气阻力系数范围。

表4-11　典型汽车的空气阻力系数范围

车型	空气阻力系数
轿车	0.30～0.41
货车	0.6～1.0
客车	0.5～0.8

⑤迎风面积

车辆的迎风面积（A）由车辆的几何尺寸确定，其近似值可由表4-12查得。

表4-12　各种汽车的迎风面积

迎风面积	轿车	货车	带驾驶员的摩托车
$A\pm$标准差/m^2	1.87±0.13	货车列车	0.73～0.82
		鞍式汽车列车	
		带篷 8.3～9.3	
		栏板式 6.9	
		厢式 8.6～9.7	
A/bh	0.81±0.02	带篷，栏板车 0.93	
		厢式 0.97	

迎风面积可用以下公式计算：

$$\frac{A}{(bh)} = 0.93 \qquad (4-27)$$

式中，b——车辆总宽，m；

h——从地面计的总高，m。

⑥旋转质量换算系数

旋转质量换算系数（δ）所受的影响因素很多，各种影响因素也比较复杂，精确取值比较困难，载货车的旋转质量系数与传动系总传动比之间的关系如图 4-19 所示。

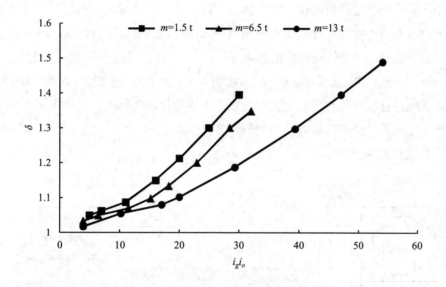

图 4-19　载货车的旋转质量系数与传动系总传动比之间的关系

为了更精确地得到不同质量、不同总传动比下的旋转质量换算系数，结合式（4-27）对图 4-19 上的曲线进行曲面拟合，可得到旋转质量系数随传动系总传动比和汽车总质量变化的二维曲面，不同车辆的旋转质量系数通过对曲面插值求得。

⑦换挡规律的确定

在程序设计中，汽车实际的换挡规律也会直接影响到程序的计算结果。由式（4-23）、式（4-24）可以看出，不同速度下车辆的行驶速度所对应的发动机的工作状况有很大的区别。实际行驶时，由于车辆的不同、驾驶员驾驶习惯的不同造成实际驾驶时的换挡规律千差万别，很难对实际的换挡规律进行精确的模拟，因此规定一个简单而有效的换挡规律十分必要。

根据在实际驾驶中的换挡状况，在程序中的换挡规律都可简化为单参数换挡，即换挡时刻只由车辆的行驶速度决定。各个换挡点的速度值可参考表 4-13。

表 4-13　各换挡点速度

换挡点	一挡~二挡	二挡~三挡	三挡~四挡	四挡~五挡
车速/（km/h）	15	35	50	70

在前述基础上，选择一辆重型载货车作为研究对象，通过车辆参数设定、阻力计算等将重型车行驶工况进行发动机工况转换，根据汽车动力学理论，推算得到整车在行驶时所装配的发动机的瞬态工况，以此建立发动机排放测试数据与整车 VSP 的关系。

3. 整车实际道路行驶排放测试法

整车实际道路行驶排放测试是指车辆在实际道路上行驶时，利用接触式或非接触式排放检测设备对车辆在实际行驶状态下尾气中的污染物排放量进行测试。该方法目前应用较多。研究认为，精度较高、数据质量较高的是在车辆上搭载 PEMS 的测试方法，如图 4-20 所示。美国 EPA 已于 2008 年颁布法规规定，对重型车气态污染物排放认证采用车载测试系统进行实际道路排放测试。欧盟、中国等在相关标准中也规定了可以采用该方法进行在用负荷性检查。本书以重型车为例简要介绍 PEMS 排放测试，需要深入研究的可参考其他相关专著。

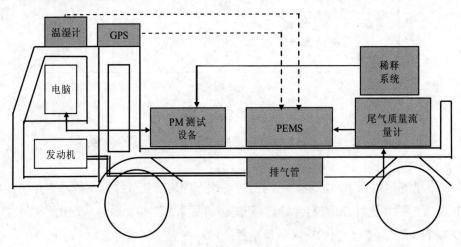

图 4-20　整车搭载 PEMS 测试设备

常见的 PEMS 排放检测设备有 HORIBA 开发的 OBS-ONE 车载排放分析系统和 Sensors 公司生产的 SEMTECH 系列车载分析系统（图 4-21），这些设备能够测量 CO、CO_2、NO_x、NO_2 和 THC 等污染物浓度，以及排气流量、GPS 数据、OBD 数据、环境温度、湿度和压力，并通过实时测量记录真实道路条件下的机动车排放。便携式排气检测设备一般采用不分光红外分析法（NDIR）测量 CO 和 CO_2，加热型氢火焰离子检测器（HFID）测量 THC，不分光紫外分析法（NDUV）测量 NO 和 NO_2，电化学分析法测量

O_2 含量。仪器在使用前需经预热和标零，使用标准气体进行准确性及精确性校准，以保证仪器测量的准确性；流量计的准确度也较高，有研究表明其气态污染物的测试与实验室排放测试结果接近，排放测试结果较为可靠。

（a）OBS-ONE 测试设备

（b）SEMTECH 测试设备

图 4-21　常见的两种 PEMS 测试设备

我国重型车排放标准主要有 GB 17691—2018 和 HJ 857—2017（《重型柴油车、气体燃料车排气污染物车载测量方法及技术要求》），二者都规定了车辆进行 PEMS 测试时应遵循的规定，不同标准对测试车辆的规定见表 4-14。

表 4-14　不同标准对测试车辆排放阶段及适用车型

标准号	排放阶段	适用车型
HJ 857—2017	国五阶段	适用于车速大于 25 km/h，装用压燃式、气体燃料点燃式发动机的 M_2、M_3、N_2（除低速货车）和 N_3 类及总质量大于 3 500 kg 的 M_1 类汽车
GB 17691—2018	国六阶段	用于装用压燃式、气体燃料点燃式发动机的 M_2、M_3、N_1、N_2 和 N_3 类及总质量大于 3 500 kg 的 M_1 类汽车

《机动车辆及挂车分类》（GB/T 15089—2016）对各车型的规定如下：

- M_1 类车指包括驾驶座位在内，座位数不超过九座的载客车辆；
- M_2 类车指包括驾驶座位在内，座位数超过九座，且最大设计总质量不超过 5 000 kg 的载客车辆；
- M_3 类车指包括驾驶座位在内，座位数超过九座，且最大设计总质量超过 5 000 kg 的载客车辆；
- N_1 类车指最大设计总质量不超过 3 500 kg 的载货车辆；
- N_2 类车指最大设计总质量超过 3 500 kg，但不超过 12 000 kg 的载货车辆；

- N_3 类车指最大设计总质量超过 12 000 kg 的载货车辆。

进行 PEMS 测试时，试验条件、测试过程等的规定如下：

（1）环境条件的选择

环境条件主要包括温度条件与海拔条件，开展试验前需确保环境条件符合标准要求。国五阶段机动车 PEMS 试验的环境温度条件为 2～38℃，海拔高度要求不高于 1 000 m，国六阶段机动车 PEMS 试验的环境温度条件为–7～38℃，海拔高度按不同阶段要求不同，其中 6 a 阶段要求不高于 1 700 m，6 b 阶段要求不高于 2 400 m。

（2）试验车辆前期准备

①车辆载荷

试验前，应根据不同排放阶段确认载荷比例。若车辆为国五阶段，M 类载荷为该车装载质量的 50%～100%，N 类载荷为该车装载质量的 75%～100%。若车辆为国六阶段，处于 6a 阶段时载荷应选择该车辆最大载荷的 50%～100%，处于 6b 阶段时载荷应选择该车最大载荷的 10%～100%。最大载荷是指《道路车辆 质量 词汇和代码》（GB/T 3730.2—1996）规定的最大设计装载质量，装载质量参照《汽车道路试验方法通则》（GB/T 12534—1990）要求。

②OBD 系统检查

试验前应对车辆 OBD 系统进行检查，确保系统无故障可开展测试，任何诊断出的故障一旦解决，应记录并提交给生态环境主管部门。试验时应能通过 OBD 系统读取发动机转速、扭矩、冷却液温度、发动机最大参考扭矩、瞬时燃料消耗量、负荷、车速等信息。

③燃料等检查更换

试验时应更换润滑油、反应剂、燃料样品及其他任何需要更换的，其中燃料应为满足相关法规的市售燃料。

（3）测试设备安装要点

①主机单元

按照 PEMS 生产厂家的操作要求将 PEMS 安装在测试车辆上，且安装位置受环境温度、环境大气压、电磁辐射、机械振动及背景 THC（助燃气为空气的 FID 设备）影响最小。安装过程中，尽量避免或减少设备的震动，尽可能安装减震板等防震设施，或用海绵、塑料泡沫等质软材料将设备与测试车辆进行间隔。

②排气流量计

排气流量计应与测试车辆排气管相连，其测量范围应与测试过程中可能的排气流量范围匹配。流量计及尾气连接管均不得对发动机或排气后处理系统的工作带来阻碍。需要时可使用短的柔性连接器连接，但应尽可能减少排气与柔性连接器之间的接触面积，以避免在高车速和发动机大负荷的工况下测试结果受到影响。

排气流量计传感器所处位置的上游和下游直管长度至少为排气流量计直径的 2 倍。建议把排气流量计安装在车辆消声器后，以减少排气流量的瞬态变化对测量信号的影响。

③排气污染物取样

取样探头应安装在尾气流量测量装置后。PM 排气取样口应在尾气气流中线位置进行采样，且 PM 取样和气态取样之间不得相互影响。气态污染物加热采样管线（加热温度为 190℃±10℃，如适用）在取样探头和主机单元的连接点应绝热，以避免 HC 在取样系统中冷凝。PM 采样时，从排气管到稀释系统和取样系统之间的所有部件，只要接触原排气和稀释排气，其设计均应将 PM 的沉积和改变降到最低。所有部件应由导电材料制造且不得与排气发生反应，系统应接地以防止静电效应。

④卫星导航精准定位系统

信号接收装置应尽可能安装在最高处，同时避免在道路测试过程中受到障碍物的干扰。

⑤车辆 ECU 数据读取设备

应能够实时记录所需参数表中的发动机参数，其可以根据 SAE J1939、SAE J1708 或 ISO 15765-4 等标准协议访问并获得测试车辆的 ECU 数据。

（4）试验准备

①启动和固定 PEMS

试验前对设备进行预热，使 PEMS 设备的压力、温度和流量达到设备的工作设定值。

②清理取样系统

试验前对排气流量计和取样系统进行反吹。

③检查并标定分析仪

按照设备厂商的操作要求对取样系统进行泄漏检查。

待设备预热完成后，使用标准气体对设备分析仪进行零点和量距点的检查。标准气体以及零点和量距点的检查应满足标准要求。具体要求见 GB 17691—2018 附录 CB3.3、CB2.3。

④排气流量计清理

应按照设备厂商的操作要求吹扫排气流量计，清除压力管路和压力测量端口的冷凝物和沉积物。

（5）试验路线的选择

①试验路线的划分

车辆试验路线应包括市区路、市郊路和高速路 3 类，试验应按市区—市郊—高速行驶顺序连续进行。对于国五车型，第一个出现车速超过 55 km/h 的短行程记为市郊路的开始，第一个出现车速超过 75 km/h 的短行程记为高速路的开始（国六阶段 M_1、N_1 类车辆除外）。不同路线对车辆平均行驶速度的要求不同：

- 市区路：平均车速 15～30 km/h。
- 市郊路：车辆平均车速 45～70 km/h。
- 高速路：车辆平均车速＞70 km/h。

对于国六车型，第一个出现车速超过 55 km/h 的短行程记为市郊路的开始（M_1、N_1 类车辆为 70 km/h），第一个出现车速超过 75 km/h 的短行程记为高速路的开始（M_1、N_1 类车辆为 90 km/h）。不同路线对车辆平均行驶速度的要求如下：

- 市区路：车辆平均车速 15～30 km/h。
- 市郊路：车辆平均车速 45～70 km/h，对于 M_1、N_1 类车辆，平均车速为 60～90 km/h。
- 高速路：车辆平均车速＞70 km/h，对于 M_1、N_1 类车辆，平均车速＞90 km/h。

两排放阶段不同路线的车速要求见表 4-15。

表 4-15　两排放阶段不同路线的车速要求

	国五阶段	国六阶段
测试路线速度	市区：0～50 km/h 平均速度：15～30 km/h 市郊：0～75 km/h 平均速度：45～70 km/h 高速：平均速度＞70 km/h	市区：0～55 km/h 平均速度：15～30 km/h 市郊：0～75 km/h 平均速度：45～70 km/h 高速：平均速度＞70 km/h（除 N_1、M_1 类车辆外）
		市区：0～70 km/h，平均速度 15～30 km/h 市郊：0～90 km/h，平均速度 60～90 km/h 高速：平均速度＞90 km/h（N_1、M_1 类车辆）

②试验路线的占比

一次有效的测试，应满足不同试验路线（市区路、市郊路和高速路）测试时间占总测试时间的百分比要求，测试过程中允许实际比例有±5%的偏差。标准中对不同排放阶段、不同类型测试车辆的试验路线占比要求如下：

国五车型：对于 M_1、M_2、M_3 和 N_2 类车辆（城市车辆除外），试验路线组成应满足市区路时长占总测试时长的 20%，市郊路时长占总测试时长的 25%，高速路时长占总测试时长的 55%；对于城市车辆，试验路线组成应满足市区路时长占总测试时长的 70%，市郊路时长占总测试时长的 30%；对于 N_3 类车辆（邮政、环卫车除外），试验路线组成应满足市区路时长占总测试时长的 10%，市郊路时长占总测试时长的 10%，高速路时长占总测试时长的 80%。试验开始点和结束点之间的海拔高度之差不得超过 100 m，并且试验车辆的累计正海拔高度增加量不大于 1 200 m/100 km。

国六车型：对于 M_1、N_1 类车辆（执行 GB 18352.6—2016 的车辆除外），试验路线组成应满足市区路时长占总测试时长的 34%，市郊路时长占总测试时长的 33%，高速路时长占总测试时长的 33%；对于 M_2、M_3 和 N_2 类车辆（除城市车辆外），试验路线组成应满足市区路时长占总测试时长的 45%，市郊路时长占总测试时长的 25%，高速路时长占总测试时长的 30%；对于城市车辆，试验路线组成应满足市区路时长占总测试时长的 70%，市郊路时长占总测试时长的 30%；对于 N_3 类车辆（城市车辆除外），试验路线组成应满足市区路时长占总测试时长的 20%，市郊路时长占总测试时长的 25%，高速路时长占总测试时长的 55%。试验开始点和结束点之间的海拔高度之差不得超过 100 m，并且试验车辆的累计正海拔高度增加量不大于 1 200 m/100 km。

不同车型、不同排放阶段试验路线占比（测试时长占总时长）见表 4-16。

表 4-16　不同车型、不同排放阶段试验路线占比

车辆类型	排放阶段	市区道路/%	市郊道路/%	高速路/%
M_1	国五	20	25	55
M_1 / N_1（执行 GB 18352.6—2016 的车辆除外）	国六	34	33	33
M_2/M_3/N_2（城市车辆除外）	国五	20	25	55
	国六	45	25	30
城市车辆	国五	70	30	0
	国六			
N_3（城市车辆除外）	国五	10	10	80
	国六	20	25	55

③其他要求

试验路线的选择应尽量保证测试不会中断，且连续采集数据时长应满足最短测试持续时间，最短测试持续时间应满足测试车辆的累计功达到发动机 WHTC 循环功的 4～7 倍。

不允许将不同试验路线的数据合并，或对某一试验路线中的数据进行修改或删除。如果发动机熄火可重新启动，但不可中断数据采集。

在不影响车辆发动机正常工作的情况下，PEMS 的电源可由测试车辆或安装在车上的其他便携式能源（如电瓶、燃料电池、便携式发电机等）供应。PEMS 设备的安装应不影响车辆的排放和性能。

（6）测试开始

在试验预处理各步骤操作完毕且设备正常的情况下可开始测试。PEMS 应在车辆启动前开始采样，测量排气参数并记录发动机及环境参数。

在测试开始时，发动机冷却液温度不得超过 30℃，如果环境温度高于 30℃，测试开始时发动机冷却液温度不得高于环境温度 2℃。当发动机的冷却液温度在 70℃以上，或者当冷却液的温度在 5 分钟之内的变化小于 2℃时，以先到为准，但是不能晚于发动机启动后 20 分钟，测试正式开始。

在测试期间，应持续进行排气取样、测量排气参数以及记录发动机和环境数据。发动机可以停车或重新启动，但是在整个测试过程中排气取样应持续进行。

测试过程中，至少每隔 2 小时对分析仪运行状态进行检查，以确认分析仪正常工作，但检查期间记录的数据应做好标记且不能用于排放计算。

PEMS 测试中需测量和记录的参数见表 4-17。

表 4-17　PEMS 测试中测量和记录参数汇总

测试内容	测试仪器
THC 浓度[①]（对于柴油车为可选项）/ppm	分析仪
CO 浓度[①]/ppm	分析仪
NO_x 浓度[①]/ppm	分析仪
CO_2 浓度[①]/ppm	分析仪
PN 浓度（对于气体燃料车为可选项）/（#/cm³）	分析仪
排气流量/（kg/h 或 L/min）	排气流量计（EFM）
排气温度/℃	排气流量计（EFM）
环境温度/℃	传感器
环境大气压/kPa	传感器
发动机转速/rpm	OBD 读码器
发动机扭矩[②]/Nm	OBD 读码器
发动机燃油消耗速率/（g/s）	OBD 读码器
发动机冷却液温度/℃	OBD 读码器
车辆行驶速度/（km/h）	OBD 读码器和卫星导航精准定位系统
车辆行驶经度/（°）	卫星导航精准定位系统
车辆行驶纬度/（°）	卫星导航精准定位系统
车辆行驶海拔/m	卫星导航精准定位系统

注：①直接测量得到或根据 GB/T 8190.1 修正后的湿基浓度。
②根据标准 SAE J1939、J1708 或 ISO 15765-4 等，发动机扭矩应该为发动机的净扭矩或者由发动机实际扭矩百分比、摩擦扭矩和参考扭矩计算而得的净扭矩，净扭矩=参考扭矩×（实际扭矩百分比–摩擦扭矩百分比）。

（7）测试结束

当测试车辆跑完规定路线或发动机的累计功率达到发动机 WHTC 循环功的 4~7 倍时测试结束。试验结束时，应预留足够的时间保证 PEMS 的响应时间。测试结束后，应对测试设备进行零点和量距点漂移检查。

零点漂移：对于使用的最低量程，零点漂移应小于满量程的 2%。零点漂移定义为在 30 秒时间间隔内对零气的平均响应（包括噪声在内）。

量距点漂移：对于使用的最低量程，量距漂移应小于满量程的 2%。量距漂移定义为在 30 秒时间间隔内对量距气的平均响应（包括噪声在内）。

漂移确认：仅适用于测试期间没有进行零点漂移修正的情况。试验结束后 30 分钟内通零气和量距气，检查漂移并与试验前结果对比。以下规定适用于分析仪漂移：当前后结果相差小于在零点漂移和量距点漂移规定的 2%，测量浓度无须修正；当前后结果相差大于等于在零点漂移和量距点漂移规定的 2%，则试验无效，或进行漂移修正。

漂移修正：如果进行了漂移确认，则应计算修正浓度值，具体按照 GB 17691—2018 附录 CA7.1 计算修正浓度值。经修正的比排放值与未经修正的比排放值之差应在未经修正的比排放值的 ±6% 以内。如果偏差大于 6%，测试无效。如果使用了漂移修正，则出具排放报告时应使用经漂移修正的排放结果。

（8）其他要求

当使用到 CO、CO_2、NO、NO_2、丙烷等标准气体对设备进行标定时，因有些气体带有毒性，标定时应重点注意，避免气体泄漏。

设备装车过程中，搬运检测设备时至少保证两人配合进行。搬运前需在试验车上腾出足够大的空间安放车载设备。如果车内空间很小，需有足够的通风，保证清新空气的流通，保证设备主机的运行环境能够处于允许温湿度范围内。搬运设备应轻拿轻放并安装在可靠位置。设备安装时应注意安全，尽量携带安全护具，如防滑手套、护目镜、安全帽、防滑鞋等，当设备及模块出现问题时，应联系操作厂家，在厂家工程师指导下进行设备的维修操作。安装过程中要小心谨慎，保证工作人员的衣服、头发、附属物品等远离仪器，以免卷入正在运行的仪器内或缠绕在其他测试管线中。

测试设备各模块及配件经组装后应满足：①安装牢固；②无干涉，如线束或设备要远离高温物体（如消声器或流量计等）和旋转件（车轮、风扇等），流量计等安装时注意与车轮（特别是转向轮）是否干涉，牵引车安装时线束需要预留转向时的长度；③可正常运行，如气象站的信号接收器在迎风面避免高温、GPS 信号在高处不被屏蔽、设备主机空气流通温度合适等；④不影响车辆正常驾驶，如不遮挡后视镜，不影响司机的换挡、转向等操作，设备不能伸出车外过长等。

尽可能保证在紧急刹车或碰撞情况下将设备损坏率降到最低，仪器不能因松动对乘客造成伤害。所有连接管件、螺丝、绑带、扎带、铁丝等材料，使用前必须经过彻底检查。仪器在与机动车连接过程中要确保电路连接准确。加热采样管可弯曲，但不能过度弯折。热机完成后，设备表面温度较高，装车时要特别注意它的摆放位置，避免烧坏其他管路。

当设备开机预热后，尽量不要再接触设备中带电的线。测试开始前一定要对分析模块的初始设置进行检查，尤其关注设备面板上的各指示灯，当发生温度故障或警报系统启动时应立即检查原因，待故障消除后继续测试。若使用车载电池为设备供电，需定期对电池进行检查，保证它的电量充足且性能完好。平时电池一定要放在通风处保存。

测试前添加或更换燃料时要十分注意，避免燃油与系统中任何热的表面进行接触。进行道路测试时，司机一定要严格按照试验路线来驾驶车辆。试验人员要通过车载电脑时刻关注设备及测试模块的运行情况，保证仪器正常运行。若发现某个仪器出现故障，应马上停车进行检修。当开展如重货排放测试时，建议对试验车辆进行跟车。在测试过程中，要在车内或仪器边上放置灭火器，以防止发生意外。

4.2.2 瞬态排放测试数据校验方法

1. 数据预检验

在得到原始排放数据时，首先要对数据质量进行初步检验，检验内容包括以下四个方面。

一是检查测试车辆数据的完整性。每次测试时，除记录车辆工况、排放率数据，还会对测试车辆信息进行统计，作为后续的排放率结果计算与分析的基础。需要检查的车辆信息包括车辆编号、车重类型、品牌型号、车牌号、燃料类型、排放标准、生产日期、行驶里程、车辆厂牌、具体载重及环保关键零部件的配置情况等，以便为后续分析数据、区分车辆做准备。

二是检查排放物单位。在机动车尾气排放测试中，实验设备的排放物输出结果包含单位时间浓度和单位时间质量等多种不同形式的结果，一般瞬态排放数据为单位时间内的污染物质量排放，即单位为 g/s。因此，预检验必须保证所获得的污染物排放数据单位的正确性。

三是检查数据的完整性。参与处理的数据一般不能含有空白数据或负值，因此要逐秒检查数据的完整性，尤其是速度和排放数据是否缺失或为负值，均应对缺失数据、为负值数据进行标记。此类数据不能参与后续排放率的计算。当数据缺失较多时，可能是测试设备出现故障，该辆车的测试数据应引起怀疑。

四是时间匹配初步检验。提取原始排放数据中的速度和排放数据，绘制速度—CO/CO_2 折线图，观察两列数据的波动关系。检查车辆的启动点位置（速度从 0 开始加速的点）与 CO/CO_2 排放物产生点位置是否在同一时间点，初步判断时间匹配的误差。根据数据处理经验，启动时车辆的启动点与排放数据产生点往往不在同一时间点上，即会产生一定时间的错位，速度记录的时间与排放记录的时间匹配并不完全对应。对于上述情况，应记录估计得到的时间偏差值。

经过上述四步即完成了排放数据的预检验。在此基础上进行排放数据的时间匹配调整与后期排放率数据质量控制工作。

2．时间匹配调整

在排放测试中，由于设备分析响应时间的延迟等，速度数据与排放数据的传输过程的时间匹配容易出现错位。通过数据的预检验步骤，已经对时间匹配误差有了初步的估计，针对后期误差修正，可以通过检验 VSP 与排放数据相关性的方式，改善速度数据与排放数据在时间方面的匹配性，从而提高数据质量。

国内外的相关研究表明，当 VSP＞0 时，VSP 值与排放物之间存在明显的线性关系，而这一线性关系的程度可以用相关系数来表示。相关系数，或称线性相关系数，是衡量两个随机变量之间线性相关程度的指标。取值范围为[–1，1]，通常相关系数＞0.8 时，认为两个变量有很强的线性相关性。

基于相关系数的数据时间匹配处理主要分为以下几步：

一是计算原始平排放测试数据的 VSP 值，计算排放率随时间匹配调整的中间数据，示例原始数据形式见表 4-18。

表 4-18　时间匹配调整中间数据示例

VID	时间	速度/ （km/h）	加速度/ （m/s²）	VSP	CO_2/ （g/s）	CO/ （g/s）	NO_x/ （g/s）	HC/ （g/s）	PM/ （g/s）
01	08：30：10	0.00	0.00	0.00	0.002	0.007	0.009	0.842	0.001
01	08：30：10	0.00	0.00	0.00	0.002	0.007	0.009	0.842	0.001
01	08：30：10	0.00	0.00	0.00	0.002	0.07	0.009	0.842	0.001
01	08：30：10	0.20	0.22	0.08	0.004	0.014	0.030	1.152	0.002
01	08：30：10	0.20	0.00	0.03	0.002	0.009	0.015	2.063	0.004
01	08：30：10	0.30	0.15	0.27	0.008	0.048	0.041	2.456	0.005
01	08：30：10	0.43	0.16	0.29	0.008	0.051	0.044	2.861	0.005

二是筛选出 VSP＞0 的数据条目，计算原始匹配条件下的 VSP 值与排放物值的相关系数。

三是根据预检验判断时间匹配的误差范围，此范围根据实际操作经验定为原始匹配时间的前后 20 秒[−20，+20]，逐秒调整速度和 VSP 值与排放物的时间对应关系，并计算数据调整后 VSP>0 条件下的 VSP 值与排放物的相关系数。

四是选择调整范围内相关系数最大的时间匹配调整方案作为数据匹配的最终调整结果。

分别计算四种排放物的时间匹配情况并进行调整，得到最终的匹配数据。

基于排放数据时间匹配调整的数据质量控制措施在数据质量及排放率计算的精度方面可以通过相关系数及变异系数等参数来进行评价。

排放逐秒数据时间匹配调整的目的主要是降低数据在测量过程中由传输等造成的速度与排放数据的时间匹配误差。基于 VSP 值与排放的关系，可选择相关系数作为时间匹配调整的主要指标。

以大型客车的排放测试数据为例，分析时间匹配调整对数据计算结果的影响效果。该测试车辆为国五排放标准，属于柴油车。通过预检验将其时间调整确定为±2 秒内，分别调整时间匹配并计算其排放物与 VSP 值（＞0）的相关系数。可以发现，经过时间的匹配调整，其调整后数据相关系数较调整前明显增加（表 4-19）。

表 4-19　时间匹配调整效果

污染物		CO_2	CO	NO_x	HC
原始数据		0.448	0.018	0.546	−0.146
与 VSP 相关系数（调整后）	−2	0.434	0.022	0.460	−0.151
	−1	0.453	0.022	0.525	−0.147
	+1	0.435	0.015	0.520	−0.150
	+2	0.432	0.013	0.455	−0.156

注："+1"表示排放数据时间向前移动 1 秒。

由表 4-19 可见，时间匹配调整对提高速度数据与排放数据的相关性具有一定的作用。

3. 数据质量控制

（1）剔除异常加速度

在最终排放率的生成计算中，逐秒的加速度对 VSP 值的最终结果有直接的影响。因此，在进行最终的排放率数据处理之前，筛选异常加速度数据条目非常重要。对预检验后的排放率数据进行加速度筛选可以保证后续数据处理工作的质量。在重型车辆的车载测试过程中，测试结果由于受到测试设备、测试条件等的限制，往往存在着数据缺失、测量精度不准确等相关问题。因此，在排放率生成计算前，应剔除部分异常加速度值，并对这些异常加速度条目进行整理与计数，以便在调整数据质量的同时评估数据整体质量的高低。

以某一大型客车为例，对逐秒加速度进行分布统计发现，实测逐秒的大型客车加速度数据分布在[-3.5，+3.4] m/s^2，虽然加速度绝对值不大，但鉴于大型客车的行驶状态，其中明显存在着部分加速度过大（或过小）与实际情况不符的情况。由于大型客车的特殊性，正常情况下其加速度分布应相对集中且加速度绝对值较小。

基于加速度分布对逐秒的大型客车排放数据进行筛选，即去除加速度过大（或过小）而明显不合理的数据，可采取 99%置信区间的加速度分布概率对不利数据进行剔除（不包含加速度为 0 的数据），发现 99%的正加速度分布集中于（0，+1.00]m/s^{2}之间，而 99%的负加速度（减速度）分布集中于[-1.5，0）m/s^{2}之间。

（2）排放数据的质量控制

在完成加速度筛选后，还需对排放率数据质量进行控制，如分车辆对各 VSP Bin 不同排放物测试的排放值分别求平均值与标准差，可控制有效的逐秒排放率数据均落在相应 VSP Bin[平均值-3×标准差，平均值+3×标准差]的范围内，剔除不符合的排放率数据后再次分车辆编号、VSP Bin 对不同排放物求解平均值与标准差，并重复数据质量检验的步骤，直至所有的数据均落在相应 VSP Bin [平均值-3×标准差，平均值+3×标准差]的范围内。

在完成上述步骤后，考虑到当一个 VSP Bin 下排放率数据样本量小于 5 个时，数据的大小具有很强的偶然性，不能支撑后续数据的处理对比与分析，因此剔除 VSP Bin 下排放率数据样本量不足 5 的区间数据，考虑后续用其他方式进行数据的补全。最后，选取质量控制前后的数据进行变异系数分析，在此以重型货车的 CO 数据为例，分析结果见表 4-20。

表 4-20　排放率质量控制变异系数

车辆编号	VSP Bin	调整前		调整后	
		平均值	变异系数	平均值	变异系数
1816	0	0.017 5	5.369 2	0.010 5	2.425 8
1816	1	0.003 6	1.578 6	0.003 1	0.587 5
1816	11	0.027 3	4.287 8	0.015 1	2.518 9
1816	12	0.045 0	3.707 5	0.022 0	2.251 2
1816	13	0.027 7	2.400 3	0.018 8	1.902 8
1816	14	0.055 5	2.937 7	0.034 3	2.118 2
1816	·15	0.126 5	2.578 3	0.066 0	2.516 4
1816	16	0.163 2	2.168 8	0.111 2	2.106 6

车辆编号	VSP Bin	调整前		调整后	
		平均值	变异系数	平均值	变异系数
1816	17	0.099 8	2.308 9	0.072 8	1.776 2
1816	18	0.135 9	1.995 7	0.099 5	1.740 8
1816	19	0.102 4	2.174 8	0.070 3	1.579 9
1816	21	0.010 3	4.868 5	0.006 9	1.808 2
1816	22	0.007 0	0.902 8	0.006 4	0.662 1
1816	23	0.014 3	6.769 0	0.007 2	0.901 4
1816	24	0.012 9	3.000 8	0.008 6	1.102 6
1816	25	0.013 4	3.227 6	0.009 8	1.188 2
1816	26	0.016 6	2.807 3	0.011 8	1.251 0
1816	27	0.016 0	2.277 1	0.011 1	0.936 6
1816	28	0.028 3	4.067 0	0.016 5	2.016 3
1816	29	0.031 7	3.825 1	0.017 5	1.055 0
1816	31	0.006 3	0.899 0	0.006 0	0.871 3
1816	32	0.004 7	1.114 1	0.004 7	1.114 1
1816	33	0.004 6	1.008 8	0.004 6	1.008 8
1816	34	0.007 7	0.596 7	0.007 7	0.596 7
1816	35	0.004 7	0.857 0	0.004 7	0.857 0
1816	36	0.009 1	0.607 6	0.009 1	0.607 6
1816	37	0.006 7	0.742 0	0.006 7	0.742 0
1816	38	0.010 8	0.474 5	0.010 8	0.474 5
1816	39	0.012 5	0.407 5	0.012 4	0.398 8

根据表中的变异系数可以看出，部分 VSP Bin 下的变异系数明显降低，证明排放率数据质量的空值有很好的效果。

4.2.3 基于 VSP Bin 的基本排放速率数据库建设结果分析

通过对大样本量的轻型车、重型车等进行各种使用条件下的排放测试，利用基本排放率的计算和分析方法（首先计算每秒的加速度、比功率；其次利用速度、加速度、比功率确定该秒所属的 VSP Bin；最后剔除异常数据后建立 VSP Bin 下的基本排放率），建立各类车型的基本排放速率数据库，示例见表 4-21。

表 4-21　基本排放率数据库示例　　　　　　　　　　　　　　　　单位：g/s

车型	燃料	排放标准	行驶里程	Bin 号	CO_2	HC	CO	NO_x	PM
重型车	柴油	国四	0～10	0	0.003 283	0.001 108	0.008 516	0.005 657	0.000 113
重型车	柴油	国四	0～10	1	0.003 804	0.001 336	0.005 622	0.007 690	0.000 099
重型车	柴油	国四	0～10	11	0.005 935	0.001 816	0.008 834	0.007 939	0.000 176
重型车	柴油	国四	0～10	12	0.009 882	0.002 132	0.009 675	0.016 636	0.000 212
重型车	柴油	国四	0～10	13	0.015 585	0.002 745	0.013 454	0.026 025	0.000 336
重型车	柴油	国四	0～10	14	0.014 978	0.003 021	0.016 057	0.035 804	0.000 397
重型车	柴油	国四	0～10	15	0.022 811	0.002 569	0.017 695	0.043 209	0.000 605
重型车	柴油	国四	0～10	16	0.022 811	0.002 680	0.021 045	0.043 209	0.000 605
重型车	柴油	国四	0～10	21	0.013 958	0.001 685	0.012 219	0.007 060	0.000 794

　　不同排放阶段轻型车 CO 排放基于 VSP 的基本排放率如图 4-22 所示。可以看出，随着机动车排放阶段的加严，轻型车 CO 排放逐渐降低（重型车也有类似规律）。VSP 分布表明，减速区、怠速区、滑行区 CO 排放相对较低，相同速度等级下，随着 VSP 的增加，CO 排放水平逐渐增加。其他尾气污染物（HC、NO_x、PM）也有类似的规律。

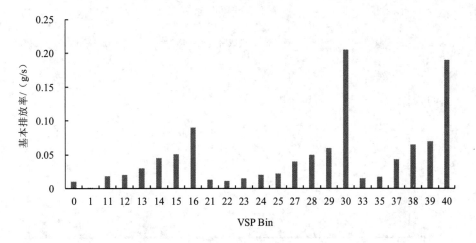

（a）国一阶段

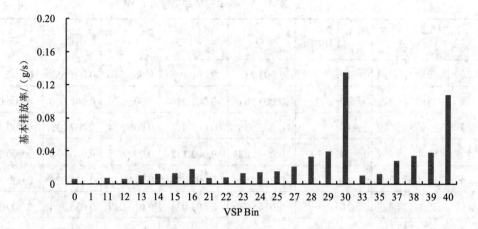

（b）国二阶段

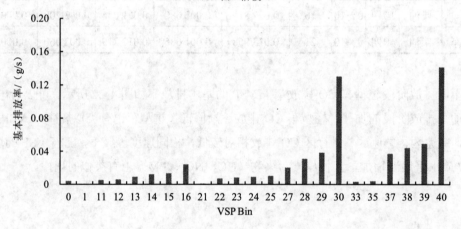

（c）国三阶段

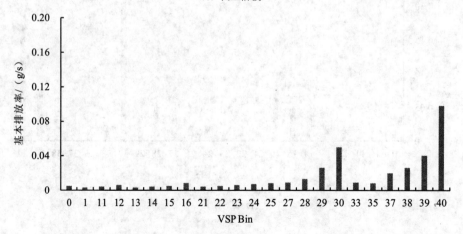

（d）国四阶段

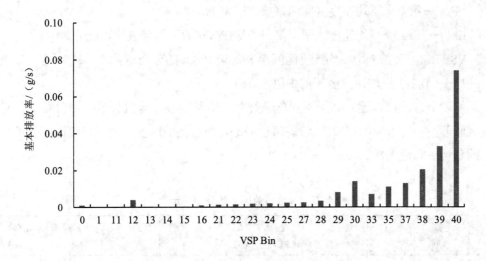

（e）国五阶段

图 4-22　轻型车基于 VSP Bin 的 CO 基本排放率

4.2.4　速度排放因子构建

本书中的排放因子指机动车行驶单位距离所排放的污染物质量，单位为 g/km。从基本排放率换算到排放因子的计算方法如下：

$$排放因子 = \frac{\sum 基于 VSP\ Bin 的基本排放率 \times VSP 分布}{平均速度} \tag{4-28}$$

如第 1 章所述，影响机动车油耗和排放量的因素很多，速度是其中一个非常重要的影响因素，但是在传统的排放模型中往往注重对车辆本身因素和环境因素等的修正，考虑到路上的实际行驶速度对排放的影响存在很大的不足，为了准确地量化速度对排放因子的影响，便于对路网车辆进行动态的排放估算，需要基于平均速度对机动车的排放因子进行修正，建立不同车辆类型、燃料类型排放因子的速度修正关系。

如前所述，由车辆排放测试可以得到不同车辆类型、燃料类型和各 VSP Bin 的平均排放率，由车辆的工况数据可以得到不同车辆类型、道路等级和平均速度下的 VSP 分布，通过车辆类型和 VSP 分布两个共有字段即可建立起车辆工况分布和排放率数据库之间的关系，之后将 VSP 分布作为权重对不同 VSP Bin 的排放率进行加权求和，再除以平均速度，即可获得经过速度修正后的排放因子，其计算方法如下：

$$EF_k = \left(\sum ER_i \cdot VSP\ Bin_i \right) / v \cdot 3\,600 \tag{4-29}$$

式中，EF_k——第 k 个平均速度区间的排放因子，g/km；

      ER_i——第 k 个平均速度区间中第 i 个 VSP Bin 的平均排放率，g/s；

      VSP Bin$_i$——第 k 个平均速度区间第 i 个 VSP Bin 的分布值；

      V——第 k 个平均速度区间的中值，km/h。

利用以上方法可以建立基于不同车辆类型、道路等级、排放标准、燃料类型和平均速度区间下不同污染物的排放因子库（表 4-22），细粒度的速度区间可以使排放因子具有更高的分辨率和敏感性。

表 4-22　速度排放因子数据库（示例）

车辆类型	道路类型	排放阶段	燃料类型	行驶里程	平均速度	CO 排放因子	HC 排放因子	NO$_x$ 排放因子	CO$_2$ 排放因子
40	11	4	汽油	1	1	10.318	1.055	0.659	2 287.5
40	11	4	汽油	1	3	3.861	0.448	0.247	965.0
40	11	4	汽油	1	5	2.502	0.316	0.160	678.1
40	11	4	汽油	1	7	1.848	0.243	0.118	528.0
40	11	4	汽油	1	9	1.491	0.202	0.095	436.7
40	11	4	汽油	1	11	1.244	0.173	0.079	380.2
40	11	4	汽油	1	13	1.045	0.145	0.067	328.4
40	11	4	汽油	1	15	0.902	0.127	0.058	295.3
40	11	4	汽油	1	17	0.798	0.113	0.051	270.1
40	11	4	汽油	1	19	0.703	0.100	0.045	247.5

对不同道路类型、不同排放标准、不同行驶里程的轻型车的 CO 速度排放关系研究（图 4-23）表明，一开始机动车 CO 排放水平随速度增加而单调降低，且降低趋势越来越慢，当速度达到 60 km/h 左右时又逐渐呈现上升趋势。随着排放标准的升高，各类型污染物排放明显降低，尤其是在低速区间，如在平均时速 20 km 的情况下，国五的轻型车 CO 排放水平仅为国一轻型车的 4%。可见各阶段排放标准的实施，对轻型车低速行驶时的油耗和排放水平控制效果十分显著。测试表明，低速区间油耗和排放因子很高，这是因为速度越低，单位距离行驶所需的时间越长，排放量也越大，因此低速区间的油耗和排放因子很高。

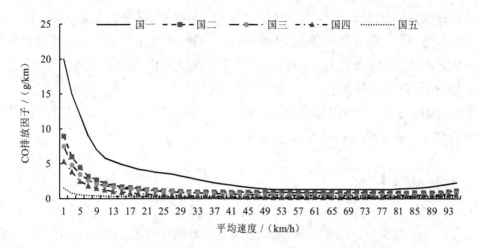

图 4-23　轻型车 CO 排放因子随速度变化趋势

研究还表明，不同道路类型的排放因子在低速区间存在较大差异，其中快速路的排放因子最高，主干路的最小；而在平均速度超过 35 km/h 后，快速路排放因子降到主干路排放因子之下。出现这种现象的原因是平均速度较小（如小于 35 km）不是机动车在快速路的常规行驶状态，这样的平均速度是由减速后再加速产生的，从而导致快速路小速度时排放水平高于非快速路。因此，固定的行驶周期无法准确描述机动车在实际道路上的行驶状况，将速度按较小的集成粒度进行聚类，建立不同平均速度的 VSP 分布，是估算机动车排放的准确、有效的手段，也是目前机动车排放模型的主要发展方向。

重型柴油货车 NO_x 排放因子随速度的变化关系如图 4-24 所示。随着平均速度的增加，NO_x 排放因子呈下降趋势，且呈现出低速区间下降幅度大并逐渐变慢的趋势。但国五 NO_x 排放因子与国四相比下降并不明显，在高速区反而有上升的趋势。

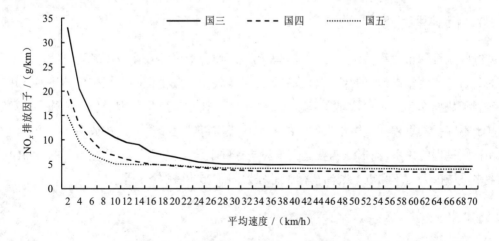

图 4-24　重型车 NO_x 排放因子随速度变化趋势

不同排放标准下排放因子随车重的变化情况表明，重型车各污染物的排放因子均随车重的增加而增加，轻型货车的 CO、NO_x 和 HC 三种污染物的排放因子与重型货车差异较大，特别是对于 NO_x 排放因子来说，轻型货车的排放因子明显低于其他三类重型货车，但是轻型货车 PM 的排放因子与重型货车差异较小。

由此可知，货车车重是影响排放因子的一个重要因素，随着车重的增加，相同速度区间下的排放因子也会出现不同程度的增加。

4.3　其他修正因子

除了速度，机动车在实际道路行驶时还受到本身状况等诸多因素的影响。为了保障最终排放清单的准确性与合理性，需要对速度修正后的排放因子进行多维修正，以获得更符合实际状况的排放清单。一是需要考虑机动车行驶里程对机动车污染物排放劣化的影响，因此需要对速度排放清单进行基于行驶里程的劣化修正。二是机动车排放也会受环境温度的影响，由于我国地理面积大，不同城市的地理气候条件差异较大，环境温度也差异较大，会直接影响机动车实际的排放情况，因此需要进行温度修正。

此外，由于车辆在实际使用过程中冷启动等使用操作很常见，重型柴油车本身携带负载的大小不同，对机动车排放结果也有不小的影响，因此还需要进行冷启动等因素的模块修正来获得较为满意的排放结果。这些工作国内外都做过相关的专题研究，如美国的 MOBILE 模型、MOVES 模型，欧洲的 COPERT 模型。我国生态环境部发布的《道路机动车大气污染物排放清单编制技术指南（试行）》也介绍了相关的修正系数，以下简要介绍，以供读者参考。有条件的也可以进行相关实测研究，以获得更为符合本地机动车实际行驶状况的排放结果。

4.3.1　行驶里程修正

行驶里程修正也称劣化修正。由于车辆使用情况众多，在排放因子测试时，有的使用的是新车实测结果，有的使用的是不同使用年限、行驶里程的车辆排放结果，在进行排放因子数据库建设时，除建立基础排放速率库、构建速度排放因子外，往往还需要建立基于不同行驶里程（使用年限的）的劣化修正，以建立全样下的排放率。为了建立车辆和行驶里程的关系，有时还需要建立车龄与行驶里程的修正关系，如在美国的 MOBILE 模型中，城市公交车和重型柴油车行驶里程如图 4-25 和图 4-26 所示。

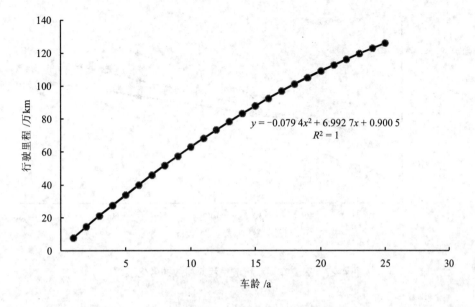

图 4-25　城市公交车行驶里程和车龄的关系

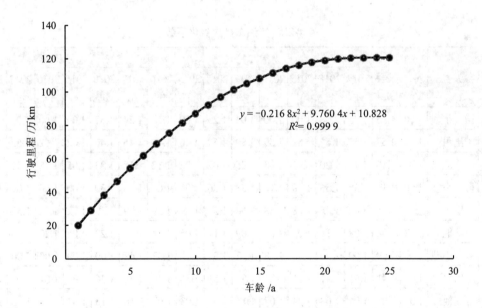

图 4-26　重型柴油车行驶里程与车龄的关系

MOVES 模型中城市公交车不同行驶里程下各污染物的劣化趋势如图 4-27 所示。

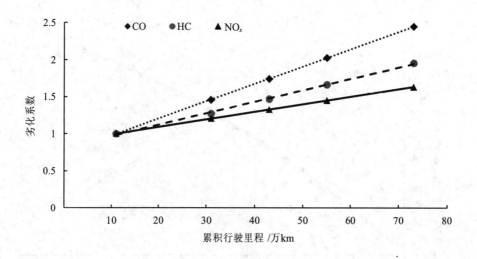

图 4-27   公交车累积行驶里程对排放的劣化系数

我国《道路机动车大气污染物排放清单编制技术指南（试行）》中也介绍了以 2014 年为基准，2015—2018 年的各类车辆的劣化修正系数（表 4-23）。

表 4-23   汽油车排放劣化系数

污染物	类型	国一				国二				国三				国四～国五			
		2015年	2016年	2017年	2018年	2015年	2016年	2017年	2018年	2015年	2016年	2017年	2018年	2015年	2016年	2017年	2018年
CO	微、小型	1.00	1.35	1.73	2.08	1.00	1.00	1.03	1.25	1.00	1.14	1.34	1.52	1.00	1.00	1.01	1.26
	出租	1.57	1.57	1.57	1.57	1.59	1.59	1.59	1.59	1.46	1.46	1.46	1.46	1.62	1.62	1.62	1.62
	其他	1.05	1.10	1.15	1.20	1.01	1.03	1.05	1.07	1.06	1.12	1.17	1.23	1.05	1.18	1.31	1.43
HC	微、小型	1.00	1.18	1.38	1.56	1.00	1.18	1.53	1.86	1.00	1.04	1.18	1.30	1.00	1.00	1.01	1.18
	出租	1.45	1.45	1.45	1.45	1.58	1.58	1.58	1.58	1.39	1.39	1.39	1.39	1.52	1.52	1.52	1.52
	其他	1.03	1.06	1.08	1.11	1.03	1.06	1.09	1.11	1.05	1.11	1.16	1.22	1.05	1.20	1.34	1.48
NO_x	微、小型	1.00	1.00	1.00	1.06	1.08	1.32	1.53		1.17	1.32	1.47	1.60	1.00	1.00	1.00	1.33
	出租	1.41	1.41	1.41	1.41	1.51	1.51	1.51	1.51	1.36	1.36	1.36	1.36	1.67	1.67	1.67	1.67
	其他	1.01	1.03	1.06	1.08	1.04	1.07	1.11	1.14	1.03	1.07	1.10	1.13	1.03	1.11	1.18	1.25

根据以上劣化模型建立方法，结合基础排放率即可得到不同车龄/行驶里程的污染物排放率。图 4-28 为基于 VSP 分区的轻型车不同车龄 CO 排放率变化情况。

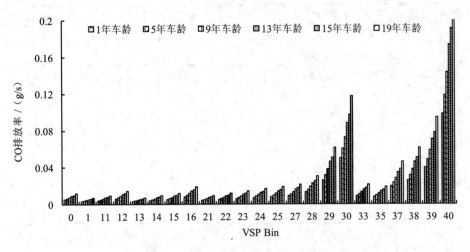

图 4-28　轻型车不同车龄 CO 排放率变化趋势

在 MOVES 模型中，对不同 VSP Bin 的劣化系数采取了同一赋值的方法进行测算，但研究表明，不同 VSP Bin 下劣化系数可能会有所不同，这方面的工作尚需进一步开展。

4.3.2　环境温度、湿度修正

环境温度、湿度不同，机动车的进气状态也不同，会直接影响发动机的燃烧状况，污染物排放也有所不同。在利用法规标准进行排放测试时，一般是在规定的环境温度、湿度下进行。关于环境温度、湿度变化对机动车排放的影响，我国《道路机动车大气污染物排放清单编制技术指南（试行）》中推荐的汽油车、柴油车环境温度、湿度修正系数见表 4-24～表 4-29。

表 4-24　汽油车温度修正因子

污染物	低温（<10℃）	高温（>25℃）
CO	1.36	1.23
HC	1.47	1.08
NO$_x$	1.15	1.31

表 4-25　柴油车温度修正因子

污染物	机动车类型	低温（<10℃）	高温（>25℃）
CO	小型客车	1.0	1.33
	轻型货车	1.0	1.33
	中、大型客车，公交车，中、重型货车	1.0	1.30

污染物	机动车类型	低温（<10℃）	高温（>25℃）
HC	小型客车	1.0	1.07
	轻型货车	1.0	1.06
	中、大型客车，公交车，中、重型货车	1.0	1.06
NO$_x$	小型客车	1.06	1.17
	轻型货车	1.05	1.17
	中、大型客车，公交车，中、重型货车	1.06	1.15
PM	小型客车	1.87	0.68
	轻型货车	1.27	0.90
	中、大型客车，公交车，中、重型货车	1.70	0.74

表 4-26　汽油车湿度修正因子（温度低于 24℃）

污染物	机动车类型	低湿度（<50%）	高湿度（>50%）
NO$_x$	所有类型	1.06	0.92
其他	所有类型	1.00	1.00

表 4-27　柴油车湿度修正因子（温度低于 24℃）

污染物	机动车类型	低湿度（<50%）	高湿度（>50%）
NO$_x$	所有类型	1.04	0.94
其他	所有类型	1.00	1.00

表 4-28　汽油车湿度修正因子（温度高于 24℃）

污染物	机动车类型	低湿度（<50%）	高湿度（>50%）
CO	所有类型	0.97	1.04
HC	所有类型	0.99	1.01
NO$_x$	所有类型	1.13	0.87

表 4-29　柴油车湿度修正因子（温度高于 24℃）

污染物	机动车类型	低湿度（<50%）	高湿度（>50%）
NO$_x$	所有类型	1.12	0.88
其他	所有类型	1.00	1.00

在 MOVE 模型中，对于不同年代（Model Year）车辆环境温度修正采用了偏差修正的方式，给出了在基础排放率基础上各污染物的排放修正值（表 4-30），有兴趣的读者可

以参考美国 EPA 官网中的相关技术文档。

表 4-30 MOVES 模型启动温度对车辆排放的影响（相对于 75℉）

模型/年	温度/℉	HC/g	CO/g	NO$_x$/g
1986—1989	−20	27.252	178.536	−2.558
1986—1989	0	25.087	147.714	−1.360
1986—1989	20	14.011	104.604	−0.749
1986—1989	40	8.316	78.525	0.312
1986—1989	75	0	0	0
1986—1989	95.03	−0.127	−4.257	−0.137
1986—1989	96.43	−0.139	−5.354	−0.091
1986—1989	106.29	−0.729	−1.017	−0.084
1990—2005	−20	38.164	143.260	1.201
1990—2005	0	16.540	92.926	1.227
1990—2005	20	8.154	56.641	1.082
1990—2005	40	4.872	33.913	0.876
1990—2005	75	0	0	0

注：75℉≈23.9℃。

MOVES 模型中仅针对 NO$_x$ 排放开展湿度修正，湿度修正函数采用的公式如下：

$$K = 1.0 - (H - 75.0) \times \text{HCF} \tag{4-30}$$

式中，K——NO$_x$ 湿度修正因子，量纲一；

H——每磅干空气中水的克数，g（适用范围为 12～124 g）；

HCF——湿度修正因子，量纲一，轻型汽油车取 0.003 8，轻型柴油车 0.002 6。

H 值用以下公式计算：

$$H = 4\,347.8 \times \frac{P_v}{P_b - P_v} \tag{4-31}$$

$$P_v = (\frac{H_{\text{ret}}}{100}) \times P_{\text{db}} \tag{4-32}$$

$$P_{\text{db}} = 6\,527.557 \times 10^{(-T_o/T_k)\left[\frac{3.243\,7 + 0.005\,88 \times T_o + 0.000\,000\,011\,7 \times T_o^3}{1 + 0.002\,19 \times T_o}\right]} \tag{4-33}$$

$$T_o = 647.27 - T_k \tag{4-34}$$

$$T_k = \frac{5}{9}\left[T_F - 32\right] + 273 \qquad (4\text{-}35)$$

式中，T_F——环境温度，℉；

$\quad\quad P_b$——大气压，Pa；

$\quad\quad H_{ret}$——相对湿度。

4.3.3 冷启动修正

模型 MOBILE 规定，对于无催化剂汽车，冷启动是指上一次行驶结束后的至少 4 小时所发生的任何启动；对于有催化剂汽车，冷启动是指上一次行驶结束后的至少 1 小时所发生的任何启动。模型 COPERT 认为，当冷却系统中的水温低于 70℃时，发动机就处于冷启动方式。GB 18352.6—2016 中对冷启动预处理的规定是在温度为 293～303 K 的室内静置 6 小时，直到发动机机油温度和冷却液（如有）温度达到室内温度的±2℃范围内。一般情况下，由于发动机冷却系统、燃油润滑系统、燃烧室冷处于较低温度，燃油雾化燃烧不像处于热负荷状态时完全，且后处理装置还未处于起燃、高效催化转化阶段，因此污染物排放要高一些。图 4-29 为一辆国四轻型汽油车采用 NEDC 工况测试时冷启动和热态时排放的对比。

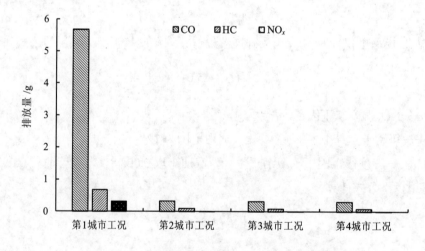

图 4-29　国四轻型汽油车城市工况污染物排放对比

在不同的冷启动温度下，车辆的污染物排放也有不小的差别，图 4-30 为国四轻型汽油车在−7℃、13℃、23℃、35℃、40℃等不同环境温度下进行冷启动排放测试的排放差异。可以看出，环境温度越高，冷启动排放越低，二者大致呈幂函数变化关系。对柴油车在不同环境温度下的冷启动排放研究也有类似的规律。

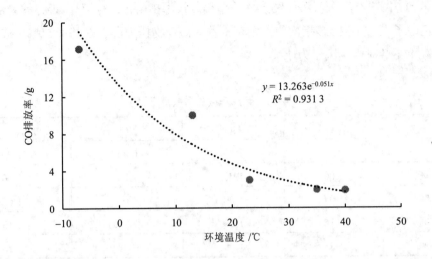

图 4-30　国四轻型汽油车 CO 冷启动排放

在进行机动车动态排放清单开发时，首先要进行冷启动阶段的识别，然后才能有的放矢地针对冷启动下各 VSP 对应的排放率进行修正。

4.3.4　负载和空调修正

发动机的负载变化改变了发动机的工作区域和燃烧效率，也改变了污染物排放率，尤其是柴油货车，负载修正主要针对重型柴油车污染物排放进行。一般来说，负载越高，单位行驶距离所排放的污染物就越高，即污染物排放因子也越高。图 4-31 为笔者所在单位利用国四柴油车研究不同载重情况下（正常尿素添加）污染物排放的对比，可以看出，与空载状况相比，研究测试的国四重型柴油车在半载状态下，NO_x 和 HC 排放因子分别增高了 6.7% 和 32.5%；在满载状态下，NO_x 和 HC 排放因子分别增高了 21.6% 和 22.2%。

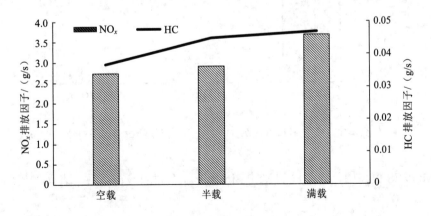

图 4-31　国四重型柴油车负载对排放的影响

我国《道路机动车大气污染物排放清单编制技术指南（试行）》中推荐的柴油车载重系数修正因子见表 4-31。该指南中重型车推荐的污染物排放因子是基于 50% 负载给出的，故 50% 载重系数时修正因子为 1.00。

表 4-31　柴油车载重系数修正因子

载重系数	CO	HC	NO_x	$PM_{2.5}$、PM_{10}
0	0.87	1.00	0.83	0.90
50%	1.00	1.00	1.00	1.00
60%	1.07	1.00	1.09	1.05
75%	1.16	1.00	1.21	1.13
100%	1.33	1.00	1.43	1.26

空调采用会增加发动机的负荷，在同样的速度曲线下发动机将燃烧更多的燃料，引起污染物排放量的增加。考虑空调负载对机动车排放的影响时，由于空调负载对柴油货车的影响较少，一般对轻型车在冷启动和运行时的污染物排放有影响，故只对轻型车进行空调负载修正。在开空调和未开空调状况下，国三轻型汽油车 CO、HC 和 NO_x 排放因子对比如图 4-32 所示。

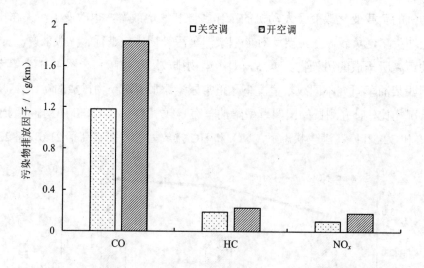

图 4-32　国三轻型汽油车开、关空调时污染物排放因子对比

在 MOVES 模型中，为不同的 VSP Bin 赋予了不同的修正系数（表 4-32）。

表 4-32　MOVES 模型中空调负载修正因子[*]

污染物种类	机动车运行模式	VSP Bin	修正因子
HC	刹车/减速	0	1.000 0
HC	怠速	1	1.079 6
HC	匀速/加速	11～40	1.231 6
CO	刹车/减速	0	1.000 0
CO	怠速	1	1.133 7
CO	匀速/加速	11～40	2.112 3
NO$_x$	刹车/减速	0	1.000 0
NO$_x$	怠速	1	6.260 1
NO$_x$	匀速/加速	11～40	1.380 8

[*]适用于轻型汽油车、轻型柴油车和轻型货车。

4.3.5　海拔修正

　　一般对于自然吸气式发动机，随着海拔高度的上升，大气压力逐渐降低，空气密度也随之变化，在同样体积进气量状态下，空气质量进气量较少，氧质量进气量降低，导致燃烧不完全，污染物排放有所上升。由于发动机增压、电控技术的使用，机动车在高海拔情况下因进气量不足导致的动力下降、燃烧不完全、污染物排放升高的现象得到很大的改善，但仍然存在排放升高的现象，尤其是动态工况下更为明显。我国《道路机动车大气污染物排放清单编制技术指南（试行）》中推荐的高海拔（1 500 m 以上）机动车污染物的修正因子见表 4-33。

表 4-33　高海拔（1 500 m 以上）气态污染物修正因子

机动车类型	燃料类型	CO	HC	NO$_x$
微型、小型客车，微型、轻型载货车，出租车	汽油、其他	1.58	2.46	3.15
小型载客车、轻型载货车（3 500 kg 以下）	柴油	1.20	1.32	1.35
中型载客车、中型载货车、大型载客车、重型载货车、公交车	汽油、其他	3.95	2.26	0.88
中型载客车、轻型载货车（3 500 kg 以上）、中型载货车、大型载客车、重型载货车、公交车	柴油	2.46	2.05	1.02

　　采用轻型汽油车和柴油车在海拔实验舱进行的不同海拔条件下 WLTC 工况排放测

试，测试结果与 0 m 海拔条件的测试结果进行对比，得到的不同海拔高度修正系数如图 4-33 和图 4-34 所示。

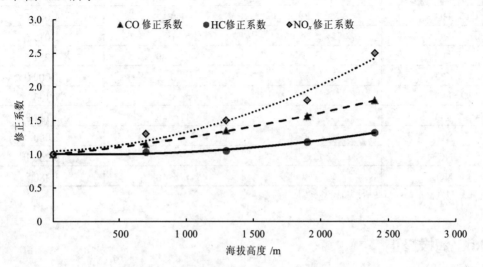

图 4-33　轻型汽油车污染物排放海拔修正系数

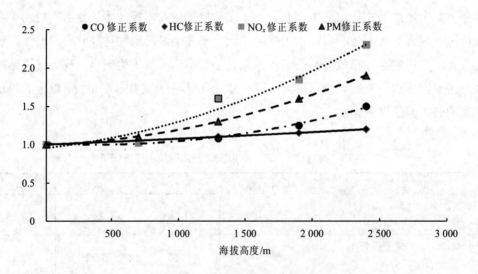

图 4-34　轻型柴油车污染物排放海拔修正系数

从图 4-33 和图 4-34 中可以看出，试验汽油车和柴油车 CO、HC、NO_x、PM 排放随着海拔高度的增加而逐渐增加，但二者各项污染物随海拔升高的规律稍有不同，轻型汽油车 CO、HC 随着海拔升高的修正系数要高于柴油车。研究还表明，在不同行驶速度下，各项污染物随海拔升高的修正系数不同，显示了在不同的 VSP 单元下海拔修正系数也会有所不同。目前，该方面的研究还非常少，亟待进一步开展。

4.3.6　燃料修正

车用燃油品质对机动车排放的影响主要考虑油品含硫量、乙醇汽油的乙醇掺混度，我国《道路机动车大气污染物排放清单编制技术指南（试行）》中推荐的燃油品质对排放的修正系数见表 4-34～表 4-36。

表 4-34　汽油车汽油硫含量排放修正因子

污染物	排放标准	汽油硫含量/ppm			
		500	150	50	10
CO	国一前	1.25	1.06	1.00	0.90
	国一	1.25	1.06	1.00	0.90
	国二	1.30	1.06	1.00	0.90
	国三	1.57	1.22	1.00	0.90
	国四	1.80	1.25	1.00	0.90
	国五	1.80	1.25	1.00	0.90
HC	国一前	1.23	1.05	1.00	0.96
	国一	1.23	1.05	1.00	0.96
	国二	1.36	1.09	1.00	0.96
	国三	1.25	1.08	1.00	0.96
	国四	1.41	1.13	1.00	0.96
	国五	1.41	1.13	1.00	0.96
NO_x	国一前	1.08	1.04	1.00	0.95
	国一	1.08	1.04	1.00	0.95
	国二	1.20	1.07	1.00	0.95
	国三	1.34	1.09	1.00	0.95
	国四	2.08	1.36	1.00	0.95
	国五	2.08	1.36	1.00	0.95

表 4-35　柴油车柴油硫含量排放修正因子

污染物	排放标准	柴油硫含量/ppm			
		500	350	50	10
CO	国一前	1.04	1.00	0.93	0.90
	国一	1.04	1.00	0.93	0.90
	国二	1.09	1.00	0.80	0.78
	国三	1.10	1.00	0.91	0.88
	国四	1.10	1.00	0.81	0.78
	国五	1.10	1.00	0.81	0.78

污染物	排放标准	柴油硫含量/ppm			
		500	350	50	10
HC	国一前	1.00	1.00	1.00	0.96
	国一	1.00	1.00	1.00	0.96
	国二	1.00	1.00	1.00	0.96
	国三	1.10	1.00	1.00	0.96
	国四	1.10	1.00	0.79	0.76
	国五	1.10	1.00	0.79	0.76
NO$_x$	国一前	1.02	1.00	0.98	0.98
	国一	1.02	1.00	0.98	0.98
	国二	1.04	1.00	0.94	0.94
	国三	1.01	1.00	0.93	0.93
	国四	1.08	1.00	0.84	0.84
	国五	1.08	1.00	0.84	0.84
PM$_{2.5}$、PM$_{10}$	国一前	1.05	1.00	0.78	0.77
	国一	1.05	1.00	0.78	0.77
	国二	1.25	1.00	0.87	0.85
	国三	1.11	1.00	0.82	0.80
	国四	1.21	1.00	0.57	0.56
	国五	1.21	1.00	0.57	0.56

表 4-36　汽油乙醇掺混度对污染物排放修正因子

乙醇掺混度	CO	HC	NO$_x$	PM$_{2.5}$、PM$_{10}$
10%	0.84	0.82	1.00	0.82

　　欧盟 EEA/EMEP 排放清单指南中,轻型汽油车燃料修正因子根据氧含量、硫含量、芳烃含量、烯烃含量、馏出百分比(E100、E150)进行计算:

$$F_{CO} = \left[2.459 - 0.055\,13 \times (E100) + 0.000\,534\,3 \times (E100)^2 + 0.009\,226 \times \right.$$
$$\left. ARO - 0.000\,310 \times (97 - S) \right] \times \left[1 - 0.037 \times (O_2 - 1.75) \right] \times \qquad (4\text{-}36)$$
$$\left[1 - 0.008 \times (E150 - 90.2) \right]$$

$$F_{HC} = \left[0.134\,7 + 0.000\,548\,9 \times ARO + 25.7 \times ARO \times e^{-0.264\,2E100} - 0.000\,040\,6 \times (97 - S) \right] \times$$
$$\left[1 - 0.004 \times (OLEFIN - 4.97) \right] \times \left[1 - 0.022 \times (O_2 - 1.75) \right] \times \left[1 - 0.01 \times (E150 - 90.2) \right]$$

$$(4\text{-}37)$$

$$F_{\text{NO}_x} = \left[0.188\,4 - 0.001\,438 \times \text{ARO} + 0.000\,019\,59 \times \text{ARO} \times \text{E100} - 0.000\,053\,02 \times (97 - \text{S}) \right] \times$$
$$\left[1 - 0.004 \times (\text{OLEFIN} - 4.97) \right] \times \left[1 - 0.022 \times (\text{O}_2 - 1.75) \right] \times \left[1 + 0.008 \times (\text{E150} - 90.2) \right]$$

$$(4\text{-}38)$$

式中，F_{CO}——汽油车 CO 污染物排放修正系数；

$\quad\quad F_{\text{HC}}$——汽油车 HC 污染物排放修正系数；

$\quad\quad F_{\text{NO}_x}$——汽油车 NO_x 污染物排放修正系数；

$\quad\quad \text{O}_2$——氧含量，%；

$\quad\quad \text{S}$——硫含量，ppm；

$\quad\quad \text{ARO}$——芳烃含量，%；

$\quad\quad \text{OLEFIN}$——烯烃含量，%；

$\quad\quad \text{E100}$——100℃对应的馏出百分比，%；

$\quad\quad \text{E150}$——150℃对应的馏出百分比，%。

柴油车燃料修正根据密度、硫含量、PAHs、十六烷值、T_{95} 等进行计算：

$$F_{\text{CO}} = -1.325\,072\,6 + 0.003\,037 \times \text{DEN} - 0.002\,564\,3 \times$$
$$\text{PAHs} - 0.015\,856 \times \text{CN} + 0.000\,170\,6 \times T_{95} \tag{4-39}$$

$$F_{\text{HC}} = -0.293\,192 + 0.000\,675\,9 \times \text{DEN} - 0.000\,730\,6 \times$$
$$\text{PAHs} - 0.003\,273\,3 \times \text{CN} - 0.000\,038 \times T_{95} \tag{4-40}$$

$$F_{\text{NO}_x} = 1.003\,972\,6 - 0.000\,311\,3 \times \text{DEN} + 0.002\,726\,3 \times$$
$$\text{PAHs} - 0.000\,088\,3 \times \text{CN} - 0.000\,580\,5 \times T_{95} \tag{4-41}$$

$$F_{\text{PM}} = -0.387\,987\,3 + 0.000\,467\,7 \times \text{DEN} + 0.000\,448\,8 \times \text{PAHs} + 0.000\,409\,8 \times$$
$$\text{CN} + 0.000\,078\,8 \times T_{95} \times \left[1 - 0.015 \times (450 - \text{S})/100 \right] \tag{4-42}$$

式中，F_{CO}——柴油车 CO 污染物排放修正系数；

$\quad\quad F_{\text{HC}}$——柴油车 HC 污染物排放修正系数；

$\quad\quad F_{\text{NO}_x}$——柴油车 NO_x 污染物排放修正系数；

$\quad\quad F_{\text{PM}}$——柴油车 PM 污染物排放修正系数；

$\quad\quad \text{DEN}$——15℃对应的密度，kg/m^3；

$\quad\quad \text{S}$——硫含量，10^{-6}；

$\quad\quad \text{PAHs}$——多环芳烃含量，%；

$\quad\quad \text{CN}$——十六烷值，量纲一；

$\quad\quad T_{95}$——95%馏出量对应的温度，℃。

第 5 章　机动车动态排放模型建立和排放清单开发

开展机动车污染物动态模型研究，对掌握机动车动态排放演变规律、支撑机动车污染治理精细化决策具有重要意义。在进行交通流微观工况获取的基础上，通过耦合已建成的各类车型、各类道路环境下的微观工况排放数据库，即可进行微观瞬态工况下的排放量测算，通过集成不同的微观排放即可获取所需时间、空间下的动态排放清单。基于交通流的城市道路机动车动态排放清单模型可依据交通流获取的时间、空间精度的不同进行不同维度的测算，数据量往往较大，一般需要开发专门的模型软件以利用计算机自动进行计算。

5.1　动态排放模型构建

5.1.1　模型框架

一个城市动态路网上的机动车排放情况表征一般包括动态路网交通特征系统（如动态路网速度模块、动态路网流量模块、路网车队结构查询模块）、后台支撑数据库（如排放速率数据库、速度排放因子数据库、修正因子数据库和车辆注册数据库等）、动态路网排放量特征分析和显示模块（不同车型、不同时段、不同区域等），可以从路网不同类型车辆交通流、车辆运行速度、路网车队结构及污染物排放量空间分布特征几个方面详细描述该城市路网交通特征，分辨率达到小时级、路段级。

1. 动态路网速度模块

动态路网速度模块主要包括空间下的速度分析、时间维度速度分析、典型道路速度分析三个子模块。空间下的速度分析子模块分别从车型、道路类型、区域三个方面进行分析；时间维度速度分析子模块从月度、日度、小时、分钟等不同时间维度进行分析；典型道路速度分析子模块从不同的典型通道和典型路段进行分析，其框架如图 5-1 所示。

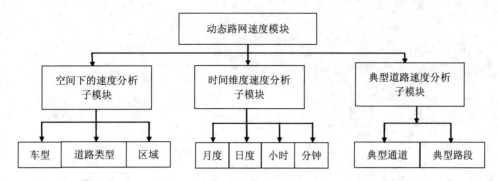

图 5-1　动态路网速度模块

2．动态路网流量模块

动态路网流量模块主要包括空间下的路网流量分析、时间维度路网流量分析、典型道路路网流量分析三个子模块，分别从车型、道路类型、区域、不同的时间维度、不同的典型通道和典型路段等方面来分析动态路网流量，如图 5-2 所示。

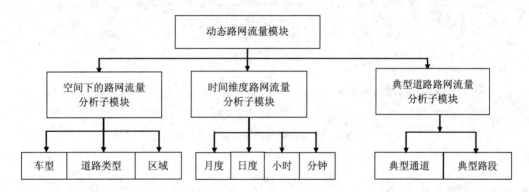

图 5-2　动态路网流量模块

3．路网车队结构查询模块

路网车队结构查询模块分为两个模块：①空间下车型结构分析子模块，从道路类型和所在区域两个方面进行分析；②时间维度车型结构分析子模块，从月度、日度、小时、分钟等不同时间维度对车型结构进行分析。该模块结构如图 5-3 所示。

4．动态路网排放量特征分析模块

动态路网排放量特征分析模块主要包括三个子模块：①空间下的排放特征分析子模块，分析不同的道路类型、行业、车型和路段的排放量；②时间维度排放特征分析子模块；③典型道路排放展示子模块，用 GIS、图表等对典型道路的排放进行展示（图 5-4）。

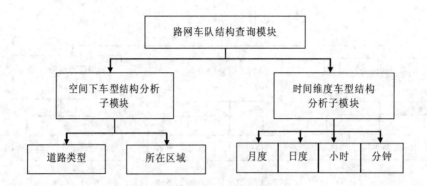

图 5-3　路网车队结构查询模块

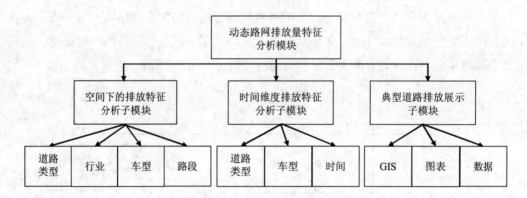

图 5-4　动态路网排放量特征分析模块

5.1.2　模型构建方法

在进行路网动态机动车排放清单测算时，首先结合目标区域的车辆 VSP 工况分布数据和机动车排放率数据计算生成速度排放因子数据库，其次利用 VKT 总量计算中生成的车龄分布对速度排放因子进行劣化修正，最终将修正后的数据乘以 VKT 速度分布，生成综合排放因子，进而进行动态机动车排放清单测算。在选取排放因子时，该模型还可以根据计算的时间、地点选择排放清单修正参数（温度、湿度、海拔）进行修正计算，从而输出最终的机动车排放清单。

机动车动态排放清单计算模型所需参数如下：

基础输入参数：基于 VSP 的排放率数据、VSP 工况分布数据、VKT 速度分布数据、交通流量数据、行驶距离数据等。其中，交通流量数据及行驶距离数据需要工具使用者根据研究对象不同进行确定。

修正参数：基于车龄分布的劣化系数数据，基础排放清单的修正参数数据包括温度修正数据、湿度修正数据及海拔修正数据。

其他模块参数：在基础排放清单基础上，可输入冷启动参数、蒸发参数、刹车片参数等进行冷启动排放、蒸发排放和刹车排放等其他机动车排放量的测算。

输出参数：一级输出参数，包括速度排放因子数据、车龄分布数据等；二级输出参数，包括修正后的速度排放因子或综合排放因子、VKT 总量数据等；三级输出参数，包括基础排放清单、修正后机动车排放清单等。

一个典型的基于交通流的城市道路动态机动车排放清单模型技术路线如图 5-5 所示。

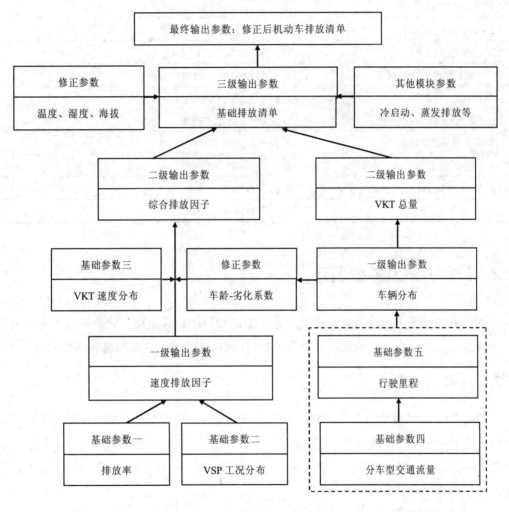

图 5-5　模型开发技术路线

动态排放模型数据库主要包括 VKT、排放因子及排放输出数据库等，见表 5-1。

表 5-1 排放模型数据库

1 VKT 总量数据库	
1.1 保有量数据库	数据库 D13VPDB
1.2 年行驶里程数据库	数据库 D12AMDB
1.3 VKT 道路类型分布比例	数据库 D06VKTSFDB2
1.4 VKT 总量数据库	数据库 D14VKTDB
2 综合排放因子	
2.1 排放率数据库	数据库 D01ERDB
2.2 VSP 工况数据库	数据库 D02VSPDB1
2.3 速度排放因子数据库	数据库 D04SCFDB
2.4 VKT 速度分布数据库	数据库 D05VKTSFDB1
2.5 基础综合排放因子数据库	数据库 D07CSCFDB1
2.6 车龄分布比例数据库	数据库 D08AGEDFDB
2.7 劣化关系数据库	数据库 D09DCFDB
2.8 劣化系数数据库	数据库 D10DCFEFDB
2.9 修正后综合排放因子数据库	数据库 D11CSCFDB2
3 排放清单数据库	数据库 D15BCEIDB

5.2 计算方法及数据展示

本节将简述各类参数的数据样例及各级输出参数的计算流程。简单来讲，整个机动车排放清单计算分为三个步骤，分别为 VKT 计算、排放因子计算和排放清单测算。

5.2.1 VKT 计算

VKT 即目标区域内机动车行驶总距离，因此能在一定程度上反映区域机动车的交通量通行情况。使用者需要根据目标区域、所测算时段不同车型的机动车交通量获取方法获取，并建立对应的该时段各种交通量的行驶里程数据库，以获取计算区域内 VKT 数据库，输入模型进行测算。

1. 交通量数据库

交通量是计算 VKT 总量的基础数据之一。交通量数据库包括以下字段：

- Zone：城市或选定区域。
- Vehicle Class：基本车型，根据用途、行业和车重（大小）等划分。
- Fuel Type：燃料类型。

- Emission Standard：排放标准。
- Vehicle Age：车龄。
- Traffic Volume：交通流量。
- LinkID：路段编号。
- Travel Distance：行驶距离。

目标区域、选定时段内机动车交通量数据库样例见表 5-2。

表 5-2　机动车交通量数据库结构

Zone	LinkID	Traffic Volume	Vehicle Class	Fuel Type	Emission Standard	Vehicle Age	Travel Distance
100101	100101	10	20	G	5	2	10
100101	100101	20	20	G	4	3	10
100101	100101	30	20	G	3	5	10
100101	100101	40	33	D	4	4	10
100101	100101	50	33	D	3	5	10
100101	100102	25	33	D	4	2	12

2. Road Type 道路类型数据库

Road Type 道路类型数据库是连接交通流量和交通通行能力的重要数据库，包括路段信息、路段所属的道路类型（如主干道、次干道、支路、次-支路、公交专用道、BRT 等）、平均车速等信息（表 5-3）。

表 5-3　道路类型数据库结构

Zone	LinkID	Road Type	Avespeed
100101	100101	11	10.2
100101	100102	11	11.0
100101	100201	21	25.2
100101	100205	23	18.5
100101	100311	31	45.0
100101	100401	41	72.0

该数据库包括以下字段：

- Zone：城市或选定区域。
- LinkID：路段编号。
- Road Type：道路类型。
- Avespeed：该路段平均车速。

3．VKT 速度分布数据库

该数据库记录了某一路段各种车型在通行时的 VKT 分布形态，数据库格式见表 5-4。

表 5-4　VKT 速度分布数据库结构

Zone	Vehicle Class	LinkID	Road Type	Speed Bin	VKT Frequency
100101	10	100101	11	9	0.21
100101	10	100101	11	1	0.08
100101	10	100101	11	11	0.12
100101	10	100201	21	23	0.15
100101	10	100201	21	25	0.13
100101	10	100201	21	10	0.09

该数据库包括以下字段：

- Zone：城市或选定区域。
- Vehicle Class：基本车型。
- LinkID：路段编号。
- Road Type：道路类型。
- Speed Bin：速度区间。
- VKT Frequency：VKT 分布比例。

5.2.2　排放因子计算

1．排放率数据库

排放率是机动车的基础排放属性，是计算速度排放因子的基础数据之一，表 5-5 为排放率数据库的样例。

表 5-5　排放率数据库结构

Vehicle Class	Emission Standard	Fuel Type	VSP Bin	ER CO	ER CO_2	ER NO_x	ER HC	ER PM	ER BC	ER OC
10	5	G	11	0.142	1.022	0.004	0.012	0.000	0.000	0.000
10	5	G	12	0.139	1.102	0.004	0.011	0.000	0.000	0.000
10	5	G	13	0.154	1.198	0.008	0.007	0.000	0.000	0.000
20	4	D	21	0.008	1.354	0.012	0.004	0.001	0.007 5	0.001 2
20	4	D	22	0.009	1.452	0.015	0.003	0.001 3	0.008 0	0.000 3
20	4	D	23	0.010	1.563	0.017	0.002	0.001 8	0.001 1	0.000 5
20	4	D	24	0.011	1.578	0.021	0.001	0.0021	0.0014	0.0006

排放率数据库包括以下字段：

- Vehicle Class：基本车型。
- Emission Standard：排放标准。
- Fuel Type：燃料类型。
- VSP Bin：VSP 区间。
- ER CO：CO 排放率。
- ER CO_2：CO_2 排放率。
- ER NO_x：NO_x 排放率。
- ER HC：HC 排放率。
- ER PM：PM 排放率。
- ER BC：BC 排放率。
- ER OC：OC 排放率。

2. VSP 分布数据库

VSP 工况反映了不同区域机动车的运行情况，是计算速度排放因子的另一基础数据。表 5-6 为 VSP 分布数据库结构示例。

表 5-6　VSP 分布数据库结构

Vehicle Class	Road Type	Avespeed	VSP Bin	VSP Frequency
20	11	1	11	0.21
20	11	5	12	0.08
30	11	9	13	0.12
31	21	21	21	0.15
32	21	23	22	0.13
40	21	25	23	0.09

VSP 分布数据库包括以下字段：

- Vehicle Class：基本车型。
- Road Type：道路类型。
- Avgspeed：平均速度。
- VSP Bin：如本书第 4 章所示。
- VSP Frequency：某一 VSP Bin 占总 VSP 的比例。

3. 速度排放因子数据库

完成了排放率数据库和 VSP 分布数据库的建立后，可根据交通排放模型中排放因子的计算方法，获取速度排放因子数据库，即利用排放率数据库的"ERxx"列乘以 VSP 分布数据库的"VSP Frequency"列后，除以 VSP 分布数据库的"Avgspeed"列。表 5-7 为速度排放因子数据库结构。

表 5-7　速度排放因子数据库结构

Vehicle Class	Emission Standard	Fuel Type	Road Type	Avespeed	SCF CO	SCF CO_2	SCF NO_x	SCF HC	SCF PM	SCF BC	SCF OC
10	5	G	11	14	0.142	1.022	0.004	0.012	0.000	0.000	0.000
10	5	G	11	25	0.139	1.102	0.004	0.011	0.000	0.000	0.000
10	5	G	11	32	0.154	1.198	0.008	0.007	0.000	0.000	0.000
20	4	D	21	45	0.008	1.354	0.012	0.004	0.001	0.007	0.001
20	4	D	21	56	0.009	1.452	0.015	0.003	0.0013	0.008	0.000
20	4	D	21	72	0.010	1.563	0.017	0.002	0.0018	0.001	0.000
20	4	D	21	90	0.011	1.578	0.021	0.001	0.0021	0.001	0.000

速度排放因子数据库包括以下字段：

- Vehicle Class：基本车型。
- Emission Standard：排放标准。
- Fuel Type：燃料类型。
- Road Type：道路类型。
- Avgspeed：平均速度。
- SCF CO：CO 速度排放因子。
- SCF CO_2：CO_2 速度排放因子。
- SCF NO_x：NO_x 速度排放因子。
- SCF HC：HC 速度排放因子。
- SCF PM：PM 速度排放因子。
- SCF BC：BC 速度排放因子。
- SCF OC：OC 速度排放因子。

4. 基础综合排放因子数据库

基础综合排放因子数据库为经过环境因素修正（如海拔）后的排放因子，其数据库结构见表 5-8。

基础综合排放因子数据库包括以下字段：

- Zone：限定的城市或区域。
- Vehicle Class：基本车型。
- Emission Standard：排放标准。

- Fuel Type：燃料类型。
- Road Type：道路类型。
- ZER CO：CO 基础综合排放因子。
- ZER CO$_2$：CO$_2$ 基础综合排放因子。
- ZER NO$_x$：NO$_x$ 基础综合排放因子。
- ZER HC：HC 基础综合排放因子。
- ZER PM：PM 基础综合排放因子。
- ZER BC：BC 基础综合排放因子。
- ZER OC：OC 基础综合排放因子。

表 5-8 基础综合排放因子数据库结构

Zone	Vehicle Class	Emission Standard	Fuel Type	Road type	ZER CO	ZER CO$_2$	ZER NO$_x$	ZER HC	ZER PM	ZER BC	ZER OC
100101	10	5	G	11	0.142	1.022	0.004	0.012	0.000	0.000	0.000
100101	10	5	G	11	0.139	1.102	0.004	0.011	0.000	0.000	0.000
100101	10	5	G	11	0.154	1.198	0.008	0.007	0.000	0.000	0.000
100101	20	4	D	21	0.008	1.354	0.012	0.004	0.001	0.007	0.001
100101	20	4	D	21	0.009	1.452	0.015	0.003	0.0013	0.008	0.000
100101	20	4	D	21	0.010	1.563	0.017	0.002	0.0018	0.001	0.000
100101	20	4	D	21	0.011	1.578	0.021	0.001	0.0021	0.001	0.000

5. 车龄分布比例数据库

该数据库为选定城市、区域和路段内经过车辆结构调查后获得的各类车型的车龄分布数据库，需要定时动态更新。该数据库样例见表 5-9。

表 5-9 车龄分布比例数据库

Zone	Vehicle Class	Emission Standard	Fuel Type	Road Type	Age	Age Proportion
100101	10	5	G	11	15	0.001
100101	10	5	G	11	14	0.002
100101	10	5	G	11	13	0.004
100101	20	4	D	21	12	0.05
100101	20	4	D	21	3	0.25
100101	20	4	D	21	2	0.35
100101	20	4	D	21	1	0.12

车龄分布比例数据库包括以下字段：

- Zone：选定的城市或区域。
- Vehicle Class：基本车型。
- Emission Standard：排放标准。
- Fuel Type：燃料类型。
- Road Type：道路类型。
- Age：车龄。
- Age Proportion：该车龄的车辆比例。

6. 行驶里程数据库

该数据库为选定城市、区域内经过分车型车辆行驶里程调查后获得的各类车型的行驶里程随车龄的变化数据库。该数据库样例见表 5-10。

表 5-10　行驶里程数据库格式

Zone	Vehicle Class	Emission Standard	Fuel Type	Road Type	Age	Mileage
100101	10	5	G	11	15	150 000
100101	10	5	G	11	14	145 000
100101	10	5	G	11	13	130 000
100101	20	4	D	21	12	120 000
100101	20	4	D	21	3	45 000
100101	20	4	D	21	2	30 000
100101	20	4	D	21	1	20 000

行驶里程数据库包括以下字段：

- Zone：选定的城市或区域。
- Vehicle Class：基本车型。
- Emission Standard：排放标准。
- Fuel Type：燃料类型。
- Road Type：道路类型。
- Age：车龄。
- Mileage：该车龄车辆的累计行驶里程。

7. 劣化关系数据库

该数据库表达的是分车型车辆随车龄、行驶里程增加排放的劣化状况，数据库格式见表 5-11。

表 5-11 劣化关系数据库

Zone	Vehicle Class	Emission Standard	Fuel Type	Age	DF CO	DF CO_2	DF NO_x	DF HC	DF PM	DF BC	DF OC
100101	10	5	G	3	1.10	1.10	1.10	1.10	1.10	1.10	1.10
100101	10	5	G	2	1.05	1.05	1.05	1.05	1.05	1.05	1.05
100101	10	5	G	1	1.00	1.00	1.00	1.00	1.00	1.00	1.00
100101	20	4	D	8	1.35	1.35	1.35	1.35	1.35	1.35	1.35
100101	20	4	D	6	1.25	1.25	1.25	1.25	1.25	1.25	1.25
100101	20	4	D	4	1.15	1.15	1.15	1.15	1.15	1.15	1.15
100101	20	4	D	2	1.1	1.1	1.1	1.1	1.1	1.1	1.1

劣化关系数据库包括以下字段：

- Zone：选定的城市或区域。
- Vehicle Class：基本车型。
- Emission Standard：排放标准。
- Fuel Type：燃料类型。
- Age：车龄。
- DF CO：CO 每 1 万 km 排放劣化系数。
- DF CO_2：CO_2 每 1 万 km 排放劣化系数。
- DF NO_x：NO_x 每 1 万 km 排放劣化系数。
- DF HC：HC 每 1 万 km 排放劣化系数。
- DF PM：PM 每 1 万 km 排放劣化系数。
- DF BC：BC 每 1 万 km 排放劣化系数。
- DF OC：OC 每 1 万 km 排放劣化系数。

8. 劣化修正后综合速度排放因子数据库

该数据库表达的是经过劣化修正后的某一道路下综合的速度排放因子，数据库样例见表 5-12。

表 5-12 综合速度排放因子数据库结构

Zone	Vehicle Class	Emission Standard	Fuel Type	Road Type	Avespeed	CER CO	CER CO_2	CER NO_x	ZER HC	ZER PM	...
100101	10	5	G	11	10	0.142	1.022	0.004	0.012	0.000	...
100101	10	5	G	11	14	0.139	1.102	0.004	0.011	0.000	...

Zone	Vehicle Class	Emission Standard	Fuel Type	Road Type	Avespeed	CER CO	CER CO$_2$	CER NO$_x$	ZER HC	ZER PM	...
100101	10	5	G	11	18	0.154	1.198	0.008	0.007	0.000	...
100101	20	4	D	21	20	0.008	1.354	0.012	0.004	0.001	...
100101	20	4	D	21	22	0.009	1.452	0.015	0.003	0.001 3	...
100101	20	4	D	21	24	0.010	1.563	0.017	0.002	0.001 8	...
100101	20	4	D	21	26	0.011	1.578	0.021	0.001	0.002 1	...

劣化修正后综合速度排放因子数据库包括以下字段：

- Zone：选定的城市或区域。
- Vehicle Class：基本车型。
- Emission Standard：排放标准。
- Fuel Type：燃料类型。
- Roadtype：道路类型。
- Avespeed：平均车速。
- CER CO：CO 每 1 万 km 排放劣化系数。
- CER CO$_2$：CO$_2$ 每 1 万 km 排放劣化系数。
- CER NO$_x$：NO$_x$ 每 1 万 km 排放劣化系数。
- CER HC：HC 每 1 万 km 排放劣化系数。
- CER PM：PM 每 1 万 km 排放劣化系数。
- CER BC：BC 每 1 万 km 排放劣化系数。
- CER OC：OC 每 1 万 km 排放劣化系数。

5.2.3　排放清单测算

1. 功能入口

模型测算的功能入口和可进行维护操作的模块入口如图 5-6 所示。模块功能可供用户输入一些本地化的设置或者扩充其他功能。

2. 清单创建过程

逐步输入计算的基本信息及所需的各种基础数据（尤其是交通流构成、VKT 信息数据），根据模型提示和引导一步步输入相关信息，如图 5-7 所示。

（a）系统登录　　　　　　　　　　　（b）模块界面

图 5-6　排放清单测算模型入口

（a）基础信息输入　　　　　　　　　（b）综合排放因子测算

（c）基础清单创建

图 5-7　清单创建过程

3．清单列表

测算完成后，排放清单测算结果列表如图 5-8 所示，可以数据和下载的方式供测算者详细获取测算结果相关数据。

图 5-8　排放清单测算结果列表

测算后动态过程的机动车排放总量（与交通流的刻画时间尺度有关）数据库格式见表 5-13。

表 5-13　排放清单数据库格式

Zone	Road Type	LinkID	Vehicle Class	Emission Standard	Fuel Type	CO	CO_2	NO_x	HC	PM	…
100101	11	100101	10	5	G	0.142	1.022	0.004	0.012	0.000	…
100101	11	100101	10	5	G	0.139	1.102	0.004	0.011	0.000	…
100101	11	100101	10	5	G	0.154	1.198	0.008	0.007	0.000	…
100101	21	100201	20	4	D	0.008	1.354	0.012	0.004	0.001	…
100101	21	100201	20	4	D	0.009	1.452	0.015	0.003	0.001 3	…
100101	21	100201	20	4	D	0.010	1.563	0.017	0.002	0.001 8	…
100101	21	100201	20	4	D	0.011	1.578	0.021	0.001	0.002 1	…

排放清单数据库包括以下字段：

- Zone：选定的城市或区域。
- Road Type：道路类型。
- LinkID：路段编号。
- Vehicle Class：基本车型。
- Emission Standard：排放标准。
- Fuel Type：燃料类型。
- CO：CO 排放量。
- CO_2：CO_2 排放量。
- NO_x：NO_x 排放量。

- HC：HC 排放量。
- PM：PM 排放量。

4. 统计展示

以图形化的方式或汇总统计的方式显示排放测试结果（图 5-9）。模型可内嵌各个城市详细的道路信息和 GIS 地图，方便将交通流信息、地图信息及排放测算信息相结合以便用于展示。

图 5-9　图形化显示测算结果

5.3　2017 年北京市机动车动态排放测算结果分析

5.3.1　机动车时空动态排放结果分析

1. 各污染物 24 小时排放空间特征分析

在完成路网流量仿真、车队结构分析、各类型车在路网上的小时 VKT 量和 VSP 分布比例等输入后，可形成北京市 2017 年逐小时主要路网上的机动车排放清单，将年均日排放量分 24 小时耦合在 GIS 地图上，并根据不同道路在 GIS 地图网格中的分布，将各污染物排放量对应分配在相应的 GIS 网格上，可实现不同时机动车污染物的时空变化特征。

图 5-10 显示了北京市工作日全天、5：00 和 17：00 机动车 NO_x 排放量空间分布特征。可以看出，北京市机动车 NO_x 排放分布的规律性较强，主要分布在东南六环方向及其联络线，以及东北、西北方向六环路及与其相通的联络线上，这些均为重型柴油货车运输较集中的交通线路。5：00，柴油货车 NO_x 集中排放的特征最为明显；17：00，城市内外多种机动车交通均较活跃，NO_x 排放量较高的地点呈多点分布。分车型的 NO_x 时空分布特征也显示出货车 NO_x 排放特征大的分布区域集中在六环线，并延伸至外部的国（省）干道、高速路上，而出租车的 NO_x 排放则更集中在五环内及其延伸线的主干道上。

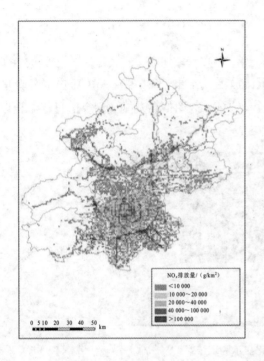

（a）全天

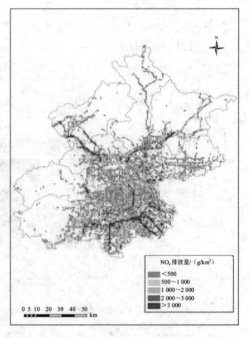

（b）5：00

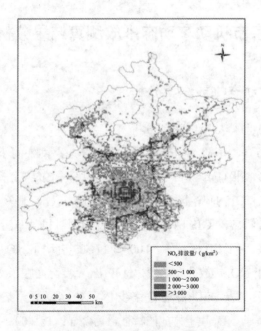

（c）17：00

图 5-10　北京市机动车 NO_x 排放量空间分布特征

　　北京市工作日机动车 CO 排放量全天、12：00 和 18：00 的空间分布特征如图 5-11 所示。可以看出，北京市机动车 CO 排放主要集中在城区，特别是五环路及以内区域机动车的 CO 排放量较大；与 12：00 相比，18：00 机动车的 CO 排放量较大，五环路及以内区域、五环路联络线附近均为 CO 集中排放区域，这主要是因为轻型汽油客车是机动车 CO 排放的主体，而其主要活动区域为五环路及以内区域，且以私家车出行为主，故排放也明显分布在该区域。

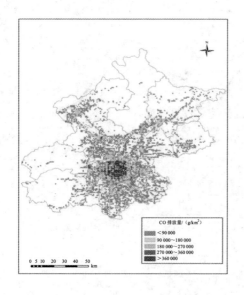

（a）全天

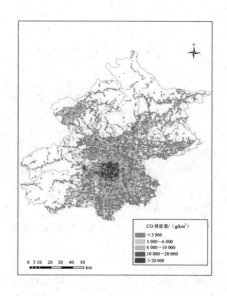

（b）12：00

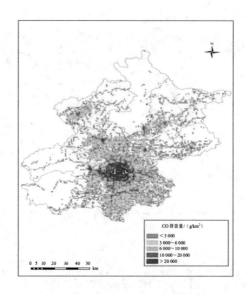

（c）18：00

图 5-11　北京市机动车 CO 排放量空间分布特征

2．各污染物 24 小时排放特征变化分析

由图 5-12、图 5-13 可知，CO、HC 均为马鞍形曲线，即在 9：00、18：00 左右达到极大值，13：00 左右达到极小值，白天的排放量显著高于夜间，全天变化规律稳定。由图 5-14、图 5-15 可知，NO_x 和 $PM_{2.5}$ 在夜间呈上升趋势，于 5：00 左右达到极大值；白天为马鞍形曲线，即在 11：00、17：00 左右达到极大值，13：00 左右达到极小值，全天的波动较大。

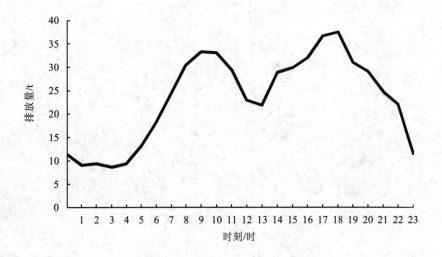

图 5-12　CO 排放量时间分布

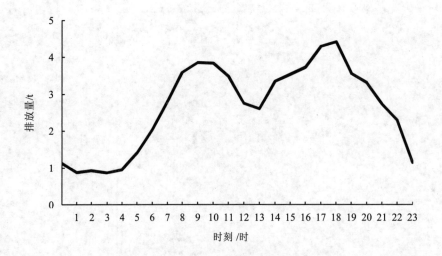

图 5-13　HC 排放量时间分布

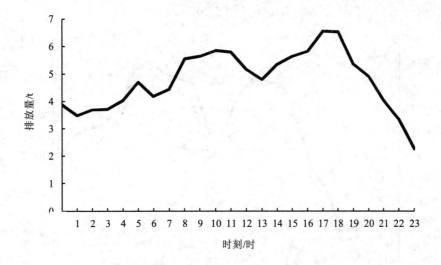

图 5-14　NO_x 排放量时间分布

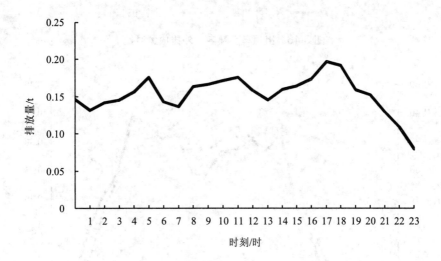

图 5-15　$PM_{2.5}$ 排放量时间分布

3. 六环内外分交通方式各污染物逐时排放量分析

以 NO_x 排放为例，出租车六环内的排放量约为六环外的 7 倍，两者的排放规律基本一致，为马鞍形曲线，白天显著高于夜间（图 5-16）；公交车六环外的排放量约为六环内的 4 倍，排放规律也基本一致，为马鞍形曲线，白天显著高于夜间（图 5-17）；货车六环外的排放量约为六环内的 2.4 倍，夜间明显偏高，在 5：00 达到极大值，之后急剧下降，白天起伏较为平缓（图 5-18）；大客车六环内的排放量约为六环外的 1.6 倍，24 小时分布也为马鞍形曲线，白天显著高于夜间（图 5-19）；小客车六环内、外的排放量基本持平，排放规律保持一致，白天显著高于夜间（图 5-20）。

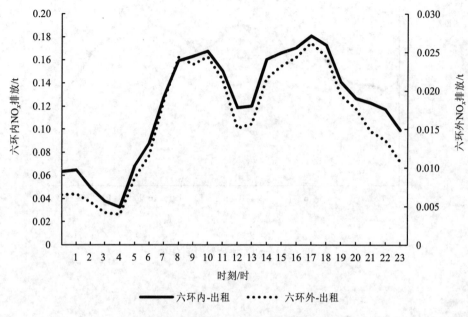

图 5-16　出租车六环内、外排放量对比

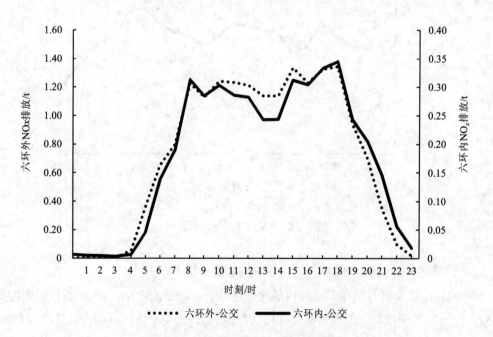

图 5-17　公交车六环内、外排放量对比

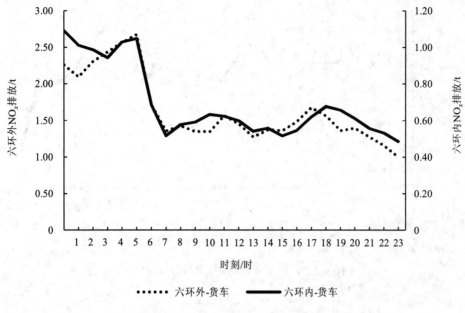

图 5-18　货车六环内、外排放量对比

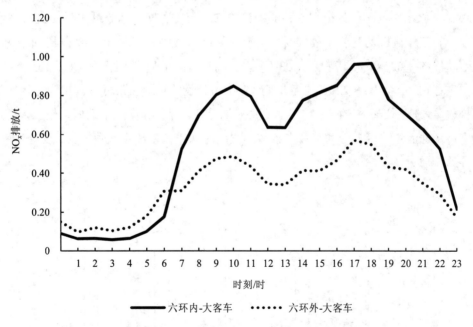

图 5-19　大客车六环内、外排放量对比

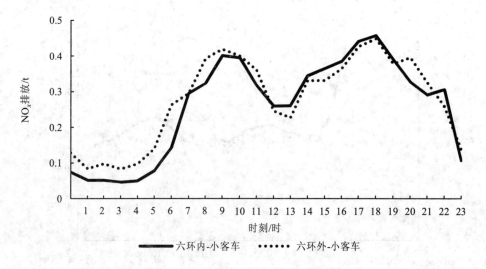

图 5-20   小客车六环内、外排放量对比

5.3.2   典型日机动车排放量分析

根据交通流特点，计算得到 5 种典型日的 CO、HC、NO$_x$ 排放量（图 5-21）。5 种典型日中，非工作日机动车总排放量要稍高于工作日，分别是工作日、节假日、重污染日、重大活动日的 1.02 倍、1.19 倍、1.03 倍、1.13 倍。不同节假日之间，CO、HC、NO$_x$ 的排放量也存在差异（图 5-22）。春节期间，3 种污染物的排放量最低，其次为元旦，劳动节的排放量最高，是春节的 1.3 倍，主要原因是元旦、春节和国庆节的假期较长，离京人数较多，交通流量下降，劳动节和中秋节因假期时间较短，离京人数较少、交通量较大，因此导致排放量较高。

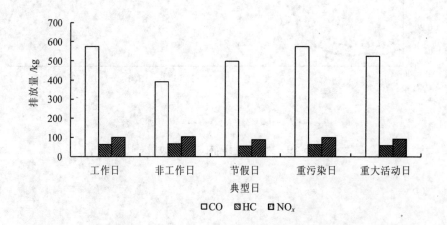

图 5-21   典型日机动车排放量

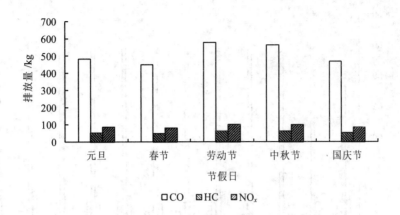

图 5-22　不同节假日机动车排放量

5.3.3　年、月度排放量分析

通过 2017 年的交通流模拟数据可获得道路上不同车型的年 VKT 量，结合道路车型的构成及道路对应的速度，通过 VKT 与相应速度下排放因子的乘积测算排放量可以看出，北京市 2017 年主要路网上机动车全年 NO_x 排放量约为 4.2 万 t，CO 排放量约为 8.7 万 t，HC 排放量约为 1 万 t，$PM_{2.5}$ 排放量约为 0.2 万 t。对各类车型的 NO_x 排放量、CO 排放量进行月度分析，结果如图 5-23 和图 5-24 所示。两种污染物的排放量均在 2017 年 2 月最低，NO_x 在 2017 年 4 月、11 月出现两次最高值，CO 则在 4 月、6 月、8 月、9 月较高，这与 6 月、8 月的节日较少，2 月有春节导致交通量的变化有关。

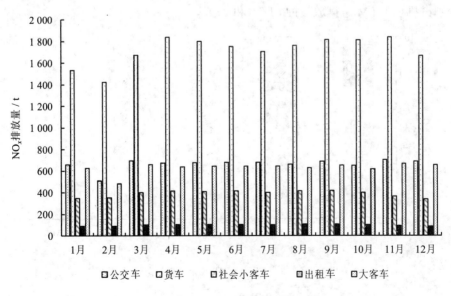

图 5-23　NO_x 月度排放量

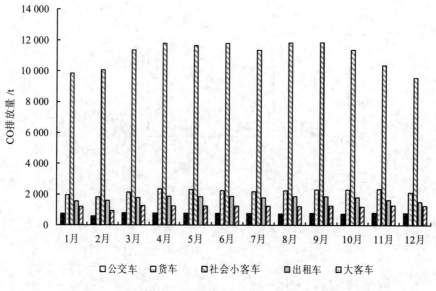

图 5-24   2017 年 CO 月度排放量

5.3.4   分交通方式机动车排放量分析

分交通方式机动车污染物排放量占比如图 5-25 所示。对于 CO 排放而言，小客车的排放量占比最大，为 65.2%；其次为货车，排放量占比为 12.8%。HC 排放量占比最大的也是小客车，为 65.3%；其次为公交车，排放量占比为 12.8%。货车的 NO_x 排放量占比最大，为 48.9%；其次为公交车，排放量占比为 19.0%。PM 的排放则主要来自货车和大客车，分别占机动车 PM 总排放量的 61.3% 和 27.8%。

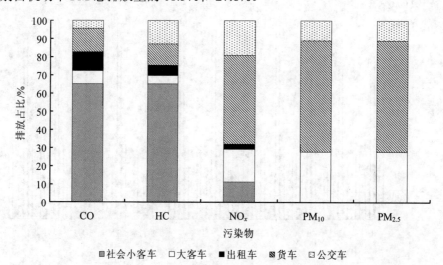

图 5-25   分类型机动车排放量占比

以 NO_x 为例分交通方式 24 小时分时段特征变化如图 5-26 所示。经测算，NO_x 排放量 24 小时分布趋势中有 5：00、10：00、17：00—18：00 三个峰值；NO_x 的夜间（22：00—次日 6：00）排放量货车占比较高，日间（6：00—22：00）排放量也是货车占比高。

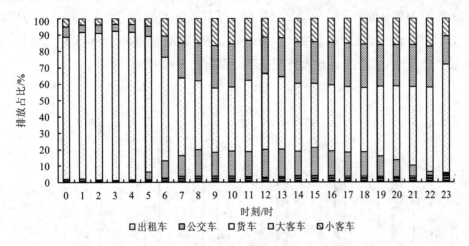

图 5-26　分车型排放量占比时间分布

不同道路类型中，次干路、支路的污染物排放量占比最大，其次为主干路。各道路类型中，CO 的排放量占比最大，占总污染物排放的 60% 以上；其次为 NO_x，约占总污染物排放量的 20%（图 5-27）。

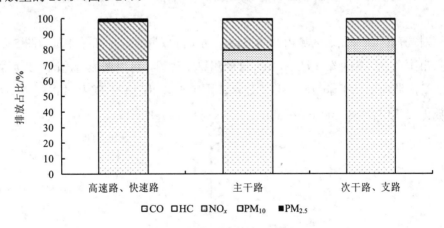

图 5-27　分道路类型排放量占比

5.3.5　典型区域、道路机动车排放特征分析

研究分析了北京市二环内（包括二环路）、二三环之间（包括三环路）、三四环之间（包括四环路）、四五环之间（包括五环路）、五六环之间（包括六环路）及六环外等不同区域

的机动车污染物排放强度，结果如图 5-28 所示。从环路区域来看，二环内污染物单位面积的平均排放率最高，为 0.05 t/（km²·d），分别是三四环之间、四五环之间的 1.2 倍、2 倍，其主要原因是北京市二环内路网密度（16.36 km/km²）最高，交通流平均速度（21.1 km/h）最低，因此污染物单位面积的平均排放率高、排放强度大；二三环之间机动车污染物单位面积的平均排放率次之，为 0.043 t/（km²·d）。从城市二环区域到外围区域，机动车路网密度逐渐变低，交通流平均速度逐渐提高，路网排放强度逐渐降低。

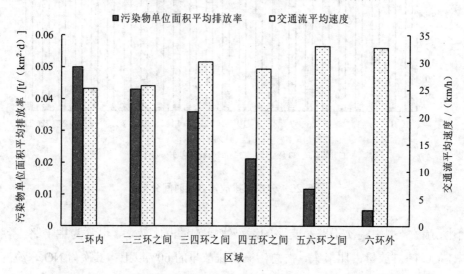

图 5-28　分区域机动车污染物单位面积平均排放率、交通流平均速度

　　也可对局部区域（划定区域内）的机动车动态排放情况进行细致测试，图 5-29 为工作日北京市国贸地区轻型车 19：00 NO_x 排放测算示意图，可以明显看出国贸地区机动车 NO_x 排放量南北向要高于东西向。测算显示，国贸地区机动车 NO_x 排放以轻型小客车为主，排放主要集中在 18：00—19：00，占全天排放的 7.9% 左右。

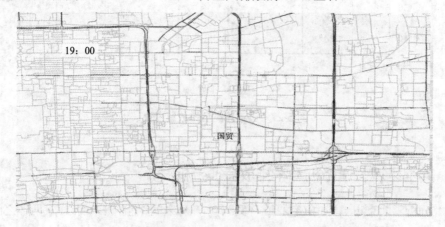

图 5-29　工作日北京市国贸地区轻型车 19：00 NO_x 排放

第 6 章　机动车动态排放清单不确定性评估和展望

在城市空气质量管理决策技术支持体系中，构建准确、完整和更新及时的大气污染物排放清单是识别污染来源和贡献的基础环节，是制定污染控制政策的重要依据。排放清单还可作为空气质量模型的输入，进行时空连续变化的污染物特征分析，对污染发展趋势和政策实施效果进行预评估，帮助制定合理有效的控制方案和达标规划。因此，要想科学地编制排放清单，排放量测算的准确性、合理性非常关键。本章主要对几种常见的机动车排放清单准确性评估方法进行介绍，以便读者对此有初步的了解。如需要评估排放清单的不确定性，则需要进一步参考相关计算方法和背景，选取适宜参数进行，而且评估者应有一定的工作经验，这样才能获得较为可靠的评估结果。

6.1　排放清单不确定性评估方法

排放清单不确定性评估方法有宏观统计数据校核、不确定性定量分析和利用空气质量模型模拟校验等。

宏观统计数据校核可依靠能源产品的消耗量、产品数量再结合平均排放系数进行校核排放总量和排放清单合理性的初步评估，逐一核实差别较大的排放源，分析与常规认识造成差异的原因，如可将当地燃油消耗量统计数据用于 VKT 校核、利用排放量和保有量等数据反算各类机动车基于油耗的平均排放因子，分析其排放的合理性。

排放清单不确定性分析还可以通过主观经验判断和因素分析等定性描述排放清单编制的不确定性，如使用数据质量评价方法，按 A~E 来评价排放因子和清单估算中不确定性的大小，其中 A 代表较小的不确定性，E 代表极大的不确定性。该方法的主要缺陷是依据个人的主观判断来评定级别。美国 EPA 开发了一种半定量分析方法，即 DARS（Data Attribute Rating System），它把排放因子和活性因子数据质量分数结合在一起，从而得到一个排放清单总质量分数。这种半定量的方法使用主观判断打分的方式来识别排放源清单的置信度，其优点是能够对排放源清单的不确定性大小提供一个快速的评价，如各类排放因子/排放率的不确定性评估可通过数据质量评价方法和半定量的分析方法确定其不确定性的范围（表 6-1）。

表 6-1　排放因子不确定评估方法

级别	获取方法	评判依据	不确定性范围
A	现场测试	1）行业差异不大 2）测试对象可代表我国该类源平均水平 3）测试次数>10 次	±30%
B	现场测试	1）行业差异不大 2）测试对象可代表我国该类源平均水平 3）测试次数3～10 次	±50%
	公式计算	1）行业差异不大 2）经验公式得到广泛认可 3）公式内参数准确性和代表高	
C	现场测试	1）行业差异大 2）测试对象可以代表我国该类源平均水平 3）测试次数>3 次	±80%
	公式计算	1）行业差异不大 2）经验公式得到广泛认可 3）公式内参数准确性和代表高	
D	法规限值 现场测试	法规实施效果好 1）行业差异大 2）测试对象不能代表我国该类源平均水平	±150%
	公式计算	1）行业差异大 2）经验公式得到广泛认可 3）公式内参数取自国外参考文献	
E	法规限值 其他	法规实施效果差 无排放因子，参考相近活动部门的排放因子	±300%

　　不确定性定量分析是指利用统计学中的概率分析方法对排放清单的不确定性进行量化分析的方法，如误差传递方法、蒙特卡罗模拟等。排放清单不确定性定量评估包括 2 个关键部分：①确定输入数据（基本排放单元活动水平数据和排放因子数据）的概率密度分布函数，通过在样本库中抽取随机样本模拟获得包含分布形式、平均值和标准方差三类信息的概率分布函数，以相对标准方差来表达该类数据的不确定度；②应用各种数学方法，将众多输入信息的不确定性传递演算至清单的不确定性。采用蒙特卡罗数值分析方法在各数据的个体概率密度函数上选择随机值，计算相应的输出值，重复定义次数，每次的计算结果构成了输出值的概率密度函数。当输出值的平均值不再变化时，结束重复计算，得到排放清单的不确定度。

　　排放清单还可结合空气质量模型、环境大气的监测数据、卫星遥感观测数据等手段进行综合验证，如将排放清单作为空气质量模型的输入数据进行模拟计算，并与同时段的空气质量观测结果比较，从而对排放清单进行间接验证。也可利用与机动车排放紧密相关的大气污染物（如 CO 和 NO₂）观测浓度的均值、时间变化趋势或者空间分布特征与机动车动态排放量的测算、变化趋势及模型模拟结果进行比较，识别其相似性和差异性，从而判断排放清单中可能存在的问题。利用遥感数据、隧道测试数据对某一路段车队总体排放水平进行验证，也可校核动态排放清单开发的准确性。

6.2　机动车排放清单开发展望

机动车排放清单开发方法主要包括基于静态保有量的测算方法、基于交通量的测算方法、基于燃油消耗量的宏观测算方法等。目前，基于静态保有量的测算方法主要用于测算国家、区域和城市机动车排放量基础，存在着跨区域使用车辆、外牌车辆排放量无法计算，时空分辨率低等缺陷；基于交通量的测算方法可用于道路等微观尺度的排放量计算，时空分辨率高，但存在高精度交通量数据获取困难等缺点；基于燃油消耗量的宏观测算方法主要用于行驶里程和排放量校核。但随着机动车流量观测手段、动态、在线排放监测手段的兴起，未来随着卫星导航、交通调查、环保定期检验、遥感遥测等大数据的发展，机动车排放量测算方法将逐渐由目前的以保有量算法为主转变为以交通量算法为主。在动态排放因子测算方面，未来将逐渐由车队平均排放因子转变为单车排放因子，单车排放因子将结合 OBD、随车车载排放测试、遥感遥测、环保定期检验（简易工况法）等大数据计算获取。在交通流获取方面，未来将结合交通调查、遥感遥测、"两客一危"卫星定位、浮点车卫星定位、手机导航等大数据融合及交通模型模拟获取全路网道路交通量，以解决目前交通量精度不高的问题，从而获得小时级、分钟级等更高级时空分辨率的机动车动态排放清单。但大样本数据量带来的数据可靠性、准确性甄别和使用将成为下一步机动车动态排放清单开发的关键，清单不确定性的评估也需要进一步深入开展。另外，虽然目前国际上对机动车尾气中污染物排放的动态定量化估算方法正在逐步建立，但对机动车燃油蒸发 VOCs 排放的动态排放估算方法还有待持续开展和深入。我国亟待完善相关的模型、算法，不断推进机动车动态排放模型和清单开发工作。

参考文献

[1] 于淼, 朱仁杰, 金文杰. MOVES2014a 模拟机动车排放因子的影响因素分析[J]. 辽宁科技大学学报, 2018, 41 (5): 395-399.

[2] 谢荣富, 陈振斌, 邓小康, 等. 基于MOVES2014a 的海口市机动车污染物排放特征及分担率研究[J]. 海南大学学报, 2017, 35 (3): 282-288.

[3] 刘强. 基于 MOVES 的西安市出租车污染物排放分析[J]. 环境监测管理与技术, 2015, 27(2): 57-59.

[4] 郝艳召, 邓顺熙, 邱兆文, 等. 基于 MOVES 模型的西安市机动车排放清单研究[J]. 环境污染与防治, 2017, 39 (3): 227-232.

[5] 刘明月, 吴琳, 张静, 等. 天津市机动车尾气排放因子研究[J]. 环境科学学报, 2018, 38 (4): 1377-1383.

[6] 宋翔宇, 谢邵东. 中国机动车排放清单的建立[J]. 环境科学, 2006, 27 (6): 1041-1045.

[7] 宋宁, 张凯山, 李媛, 等. 不同城市机动车尾气排放比较及数据可分享性评价[J]. 环境科学学报, 2011, 31 (12): 2774-2782.

[8] 王海鲲, 陈长虹, 黄成, 等. 应用 IVE 模型计算上海市机动车污染物排放[J]. 环境科学学报, 2015, 26 (1): 1-9.

[9] 杜常清, 王琪琪, 颜伏伍, 等. 基于实际道路排放的武汉市重型车排放模型构建[J]. 数字制造科学, 2018, 16 (2): 88-93.

[10] 中华人民共和国公安部. 机动车类型 术语和定义: GA 802—2008 [S]. 北京: 中国标准出版社, 2012.

[11] 刘希玲, 丁焰. 我国城市汽车行驶工况调查研究[J]. 环境科学研究, 2000, 13 (1): 23-27.

[12] 周泽兴, 袁盈, 尾田晃一, 等. 北京市汽车行驶工况和污染物排放系数调查研究[J]. 环境科学学报, 2000, 20 (1): 48-54.

[13] 蔡晓林. 天津市道路行驶工况和道路排放因子的研究[D]. 天津: 天津大学, 2002.

[14] 杨延相, 蔡晓林, 杜青, 等. 天津市道路汽车行驶工况的研究[J]. 汽车工程, 2002, 24 (3): 200-204.

[15] Ohno H. Analysis and modeling of human driving behaviors using adaptive cruise control[J]. Applied Soft Computing, 2001 (1): 237-243.

[16] 胡京南, 郝吉明, 傅立新, 等. 机动车排放车载实验及模型模拟研究[J]. 环境科学, 2004, 25 (3): 19-24.

[17] 陈长虹，景启国，王海鲲，等. 重型机动车实际排放特性与影响因素的实测研究[J]. 环境科学学报，2001，25（7）：870-878.

[18] 姚志良. 基于车载测试技术（PEMS）的柴油机动车排放特征研究[D]. 北京：清华大学，2008.

[19] 许建昌，李孟良，徐达. 车载排放测试技术的研究综述[J].天津汽车，2006（3）：30-33.

[20] 秦孔建，李孟良，高继东，等. 天津市在用车辆排放车载测试试验研究[J]. 汽车工程，2007，29（9）：771-775.

[21] USEPA. EPA's new generation mobile source emission model：initial proposal and issues[R]. EPA420-R-01-007，2001.

[22] COPERT 90. CORINAIR working group on emission factors for calculating 1990 emissions from road transport，Vol.1. methodology and emission factors[R]. Brussels：Commission of the European Communities，1993.

[23] Ntziachristos L，Samaras Z. COPERT III Computer programme to calculate emissions from road transport：methodology and emission factors（Version 2.1）[R].Denmark：European Environment Agency，2000.

[24] Andre M，Pronello C. Speed and acceleration impact on pollutant emissions[C]. SAE Technical Papers，961113，1996.

[25] Andre M，Pronello C. Relative influence of acceleration and speed on emission under actual driving conditions[J]. International Journal of Vehicle Design，1997，18（3/4）（Special Issue）：340-353.

[26] EPA（U.S. Environmental Protection Agency）.User's guide to MOBILE 6.1 and MOBILE 6.2，EPA420-R-03-010[R]. Washington，DC：U.S. Environmental Protection Agency，2003.

[27] EPA（Environmental Protection Agency，U.S.A.）. A series of MOBILE6 technical reports and user's guide[R]. Ann Arbor：Office of Mobile Sources，Office of Air and Radiation，1999.

[28] CARB（California Air Resources Board）. Derivation of emission and correction factors for EMFAC7G（MVEI7G）[R]. El Monte：California Air Resources Board，Mobile Source Control Division，1996a.

[29] CARB（California Air Resources Board）. Methodology for estimating emissions from on-road motor vehicles[R]. Technical Support Division，Mobile Source Inventory Branch，1996b.

[30] NCHRP（National Coordinate Highway Research Council）. Development of a comprehensive modal emissions model. national cooperative highway research program，report 25-11[R]. Washington，DC：Transportation Research Board，2001.

[31] Barth M，An F. Comprehensive modal emissions model（CMEM）version 2.0：user's guide，1999 IVE model users manual version 1.0.3[R]. USEPA，2004.

[32] Andre M. The ARTEMIS European driving cycles for measuring car pollutant emission[J]. Science of the Total Environment，2004，334-335：73-84.

[33] 傅立新，郝吉明，何东全，等. 北京市机动车污染物排放特征[J]. 环境科学，2000，21（3）：68-70.

[34] 霍红，贺克斌，王歧东. 机动车污染排放模型研究综述[J]. 环境污染与防治，2006，28（7）：27-30.

[35] 王歧东，丁焰. 中国机动车排放模型的研究与展望[J]. 环境科学研究，2002，15（6）：52-55.

[36] 何春玉，王歧东. 运用 CMEM 模型计算北京市机动车排放因子[J]. 环境科学研究，2006，19（1）：109-112.

[37] 魏巍，王书肖，郝吉明. 中国人为源 VOC 排放清单不确定研究[J]. 环境科学，2011，32（2）：305-311.

[38] 钟流举，郑君渝，雷国强. 大气污染物排放清单不确定定量分析方法及案例研究[J]. 环境科学研究，2007，20（4）：15-19.

[39] 李楠. 广东省 2012 年大气排放源清单定量不确定及校核研究[D]. 广州：华南理工大学，2017.

[40] 薛亦峰，闫静，宋光武，等. 大气污染物排放清单的建立及不确定性[J]. 城市环境与城市生态，2012，25（2）：31-33.

[41] 李云燕，葛畅. 我国三大区域 $PM_{2.5}$ 源解析研究进展[J]. 现代化工，2017，37（4）：1-5.

[42] 杨俊益，辛金元，吉东生，等. 2008—2011 年夏季京津冀区域背景大气污染变化分析[J]. 环境科学，2012，33（11）：3693-3704.

[43] 程念亮，李云婷，张大伟，等. 2013—2014 年北京市 NO_2 时空分布研究[J]. 中国环境科学，2016，36（1）：18-26.

[44] 杨昆昊，夏赞宇，何梵，等. 机动车燃油质量及尾气排放与北京市大气污染的相关性[J]. 中国科学院大学学报，2017，34（3）：304-317.

[45] 郝吉明，吴烨，傅立新，等. 北京市机动车污染分担率的研究[J]. 环境科学，2001，22（5）：1-6.

[46] 车汶蔚，郑君瑜，钟流举. 珠江三角洲机动车污染物排放特征及分担率[J]. 环境科学研究，2009，22（4）：456-461.

[47] 王人洁，王堃，张帆，等. 中国国道和省道机动车尾气排放特征[J]. 环境科学，2017，38（9）：3553-3560.

[48] PAULI S，JONI K，PANU K. Characterization of laboratory and real driving emissions of individual Euro 6 light-duty vehicles e fresh particles and secondary aerosol formation[J].Environmental Pollution，2019，255：113175.

[49] PATRICIAL K，CHRISTER J，ADMIR C T，et al. Trends in black carbon and size-resolved particle number concentrations and vehicle emission factors under real-world conditions[J]. Atmospheric Environment，2017，165：155-168.

[50] 潘玉瑾，李媛，陈军辉，等. 基于交通流的成都市高分辨率机动车排放清单建立[J]. 环境科学，2020，41（8）：3581-3589.

[51] 樊守彬，郭津津，李雪峰. 区县尺度机动车高分辨率排放清单建立方法及应用[J]. 环境科学，2018，39（5）：2015-2022.

[52] 李笑语，吴琳，邹超，等. 基于实时交通数据的南京市主次干道机动车排放特征分析[J]. 环境科学，2017，38（4）：1340-1347.

[53] WANG Kun，TONG Yali，CAO Tianhui，et al. Vehicle emission calculation for urban roads based on the macroscopic fundamental diagram method and real-time traffic information[J]. Atmospheric and Oceanic Science Letters，2020，13（2）：89-96.

[54] U S Environmental Protection Agency. User's guide to MOIBILE 6.1 and MOBILE 6.2：mobile source emission factor model[R]. Washington DC：US EPA，2002.

[55] U S California Air Resource Board. EMFAC2017 volume Ⅲ：technical documentation[R]. California：US CARB，2018.

[56] AHLVIK P，EGGLESTON S，GORISSEN N，et al. COPERTII methodology and emission factors technical report No.6，ETC/AEM[R]. Brussels，Belgium：European Environment Agency，2009.

[57] KNORR W. Transport emission model（TREMOD），version 4.17 with internal updates 2010[R]. Heidelberg，Germany：Institute for Energy and Environmental Research（IFEU），2010.

[58] University of California at Riverside. IVE model user's manual version 1.1.1[R]. California：US University of California at Riverside，2004.

[59] U S Environmental Protection Agency. Draft motor vehicle emission simulator（MOVES）2009. software design and reference manual[R]. Washington DC：US EPA，2009.

[60] U S Environmental Protection Agency. Technical guidance on the use of MOVES 2010 for emission inventory preparation in state implementation plans and transportation conformity[EB/OL]. Washington DC：US EPA.（2010-04-19）[2020-09-11]. http：//www.epa.gov/otaq/models/moves/420b10023.pdf.

[61] HAAN P D，KELLER M. Modeling fuel consumption and pollutant emissions based on real-world driving patterns：the HBEFA approach[J]. International Journal of Environment and Pollution，2004，22（3）：395-405.

[62] BARTH M，AN F. Comprehensive modal emissions model（CMEM）version 2.0：user's guide，1999 IVE model user's manual version 1.0.3[R]. Washington DC：US EPA，2004.

[63] National Research Council. Development of a comprehensive modal emissions model：final report（NCHRP project 25-11）[R]. Washington DC：US Transportation Research Board，2000.

[64] 王燕军，何巍楠，赵晋，等. 北京市 2017 年动态交通流模型开发和模拟[J]. 环境与可持续发展，2020，45（3）：97-102.

[65] 王燕军，何巍楠，解淑霞，等. 北京市2017年典型日动态交通流特征研究[J]. 环境与可持续发展，2020，45（4）：151-155.

[66] 赵志远，尹凌，胡金星，等. 面向机动车出行 OD 监测的目标路段选择算法[J]. 地球信息科学，2018，20（5）：656-664.

[67] 樊守彬，田灵娣，张东旭，等. 北京市机动车尾气排放因子研究[J]. 环境科学，2015，36（7）：2374-2380.

[68] 杨妍妍，李金香，梁云平，等. 应用受体模型（CMB）对北京市大气 $PM_{2.5}$ 来源的解析研究[J]. 环境科学学报，2015，35（9）：2693-2700.

[69] 樊守彬，田灵娣，张东旭，等. 基于实际道路交通流信息的北京市机动车排放特征[J].环境科学，2015，36（8）：2750-2757.

[70] ANONDO M，MICHAEL C M，STEVEN G B，et al. Influence of roadway emissions on near-road $PM_{2.5}$: monitoring data analysis and implications[J]. Transportation Research Part D，2020，86：102442.

[71] 郭秀锐，吉木色，郎建垒，等. 基于情景分析的北京市机动车污染排放控制研究[J].中国环境科学，2013，33（9）：1690-1696.

[72] ADNAN P，RAJAT R，MIR M S. Impact of car restrictive policies: a case study of Srinagar City in J & K state India[J]. Transportation Research Procedia，2020，48：269-270.